環境社会学の考え方

暮らしをみつめる12の視点

足立重和・金菱 清 編著

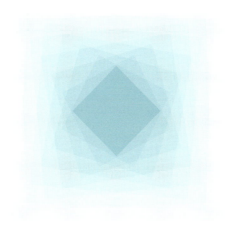

ミネルヴァ書房

は し が き

　「環境」と聞いてあなたは，その後ろにどのような言葉を続けるのだろうか。「環境は大事だ」とか「環境を守れ」とかだろうか。だが，その答えははたして本心なのか。というのも，今や「環境は大事だ」という発言はあまりにもあたりまえになっていて，別に心の底から思わなくても，公の場でとりあえずそう言っておけば無難になっているからだ。
　かつてこの発言は，公的な場において論争を巻き起こした。「環境は大事だ」と声高に叫ぶ少数の人々に対し，「経済発展をどう考えるのか」「昔の生活に戻れというのか」といった異論や反論が噴出したのである。ところが今や，選挙演説でもマスメディアでも議会でも学校でも，そうした異論や反論は皆無の，全員が支持する正しい価値観になった。環境をめぐる問答は，まるでクイズ番組や受験勉強のように，あらかじめ正しい答えが用意されていて，そのとおりに答えると「正解」になるような紋切り型のやりとりになった。だから，そのような議論のゆくえを先取りしてとりあえず「環境は大事だ」と言っておけば，誰からも非難されることなく"無難に"やり過ごすことができる。しかも今の社会は環境の重要性についての知識をたくさんストックしているので，「環境についてどう思うか」と教師から尋ねられた学生は，そのストックのなかから教師が期待しているであろう「正解」を選ぶのである。
　そのような言説空間に取り囲まれた今の学生は，「環境」をめぐる問いと答えが定型化して繰り返されていることに内心もううんざりしていて，かつての学生に比べ環境への関心を失っているようにみえる。日本社会はかつて深刻な公害や環境問題を経験したが，今や"エコ"な考え方が浸透しているので，もう昔のような深刻な問題は解決したと考える学生もいる。また，これだけ"エコ"な考え方が浸透しているにもかかわらず，あえて声高に環境の大切さを叫ぶ人々に対して"それは偽善ではないのか"とうさん臭く感じる学生もいる。
　だが，これだけ環境の価値を認める言説に出会っているのに対して，実際の

人間と環境の距離は，かつてと比べてよけいに疎遠になっていたり，どことなくいびつになったりしているのではないだろうか。たとえば近年，イノシシ，クマ，サル，シカなどの野生動物が田畑を荒らすだけではなく，市街地にまで下りてきて人間を襲っている。このような獣害問題は，人間が山に入らなくなったことが原因だと言われている。とくに日本の林業は，衰退の一途をたどっている。かつては，人間が木を育てるために山に入って手入れをして木を伐り出し，また植林した。ところが，材木が売れなくなり，山の手入れがされなくなった結果，植林した木は線香のように細くなり，その周りには雑木や雑草が生い茂り，昼間でも薄暗い山が増えた。線香林は土中に根を張らないので，山の保水力は低下する。すると，雨が降れば一気に水が川に流れ込み，すぐに洪水に見舞われる。なおかつ根を張らない線香林は次々なぎ倒され，やがて土砂崩れを引き起こす。
　また，科学技術の発展は，私たちの生活を便利にする反面，予測不可能な将来の不安をもたらしてもいる。科学技術によるリスクの問題である。工場で育てられ，太陽の光をまったく浴びたことのない鶏や野菜を食べて，本当に大丈夫なのか。科学技術を推進する人々は絶対に安全だという。だが，そのような安全神話は非常に脆いものだと世に知らしめたのが，2011年3月11日に発生した東日本大震災であった。なかでも福島第1原子力発電所の大事故は，いまだに収束のめどが立っていない。
　このように環境をめぐる問いはまだなくなっていない。考えなければならない問題は山ほどある。
　では，どのように"考える"のか。本書は環境社会学の教科書として，環境社会の学ではなく，環境を社会学的に考えるにあたって，先の例でいう獣害，山の荒廃，洪水，食品リスク，安全神話，原発事故などの背後に控える人間と人間の関係はどうなっているのかをまずは記述・分析する。このような人間関係の実態をふまえたうえで，環境をめぐる人間関係は今後どうあるべきなのか，そもそも人間は環境とどう付き合っていくべきなのかを考える。この"どうあるべきか"を考えるとき，いったいどのような立場に立てばよいのかという立

はしがき

場性が常に問われるのだが，本書はそこに暮らす住民の立場，わけても地元住民の生活の立場に立つことを選択する。というのも，環境問題の現場においてもっとも理不尽な状況に追い込まれているのは，往々にしてそこに暮らす住民だからである。そのような立場性をとっているので，客観中立的ではない。だからといって，執筆者一同はこれを弱点とは考えておらず，むしろあらゆる学問は何らかの立場に立っていることに自覚的であるべきだと思っている。

本書は全12章からなっている。第Ⅰ部「環境への考え方」では，本書を貫く立場からの環境へのアプローチが述べられている。第Ⅱ部「日常としての環境」では，私たちの身体を基点にした身近な環境がテーマになっている。第Ⅲ部「他者としての環境」は，地元住民とは異なる存在に取り囲まれた環境を取り上げている。

社会学という学問は，教養として知識を増やすことよりも，人間と人間の関係すなわち社会をどう見るかという"視点"や"パースペクティブ"を重視する。そのような視点やパースペクティブが"目からウロコ"な新鮮かつ説得力のある議論を提供することこそ，この学問の生命線である。よって，本書も環境についての最新の知識よりも，環境への視点やパースペクティブを提供することに重点を置いている。そして社会学的な視点やパースペクティブが環境問題の新たな解決策につながれば，この学問はひとつの役割をはたしたことになる。

そのような環境政策までをにらみながら，本書を読み進めていくにつれて，環境はもちろんのこと，もうひとつのテーマである「人間の生き方」にも思いをめぐらせてもらえれば，と編者として願っている。

　　2019年1月

　　　　　　　　　　　　　　　　　　　　　　　　　　　　足 立 重 和

環境社会学の考え方
──暮らしをみつめる12の視点──
【目次】

はしがき

第Ⅰ部　環境への考え方

第1章　環境を守るとはどういうことか？……………………足立重和　3
1　環境問題を知る"窓"としてのマスメディア　3
2　環境問題の典型的な語り方　5
3　地元住民による環境の守り方　8
4　環境の守り方の多様性　12

第2章　誰がしっかりすれば環境は守られるのか？…………足立重和　19
1　環境問題は誰が解決すべきなのか　19
2　ちょっとした騒音問題　21
3　住民の発言がちからをもつ根拠　25
4　環境保全の要としての地域コミュニティ　31

第3章　暮らしとともにある環境はどのように管理されるのか？
　………………………………………………………………………足立重和　37
1　もたざる者たちが"もっている"とは　37
2　ムラの土地所有のあり方　40
3　総有としてのムラの領域　47
4　暮らしとともにある自然は誰のものなのか　52

第4章　嫌がられる環境を誰が受け入れるのか？……………平井勇介　59
1　迷惑施設問題の特徴　60
2　NIMBYによって示された課題　63
3　話し合いによって住民は納得できるのか　66
4　地域コミュニティに内在する「納得」への道筋　71

第Ⅱ部　日常としての環境

第5章　人はどのように環境と遊んできたのか？………………川田美紀　81
　　　1　自然環境のなかで「遊ぶ」　81
　　　2　「遊び」の経験と環境の身近さ　87
　　　3　「遊び」と地域コミュニティ　88
　　　4　自然環境のなかでの「遊び」と環境問題　90

第6章　日本の草原はどのように維持されてきたのか？……藤村美穂　97
　　　1　野や山を活かす　97
　　　2　人と草原の歴史　100
　　　3　草原の独立　106
　　　4　草原を維持するちから　113

第7章　公園は都市の環境を豊かにしてきたか？……………荒川　康　119
　　　1　公園がなぜ問題となるのか　119
　　　2　公園のもつ見えないちから　122
　　　3　公園の公共性を可変的なものとするには　126
　　　4　これからの公園づくりに必要なこと　130

第8章　これまでし尿はどう処理されてきたのか？…………靍　理恵子　135
　　　1　人とし尿の関係史　136
　　　2　し尿を介した都市と農村の関係　137
　　　3　し尿処理のしくみと世界観，清潔・衛生観　147
　　　4　し尿を私たちの視界に入れることから　152

第Ⅲ部　他者としての環境

第9章　環境と観光はどのように両立されるのか？　……… **野田岳仁**　159
1　観光のターゲットになる身近な環境　160
2　観光客による舞台裏への関心　163
3　コモンズを支えるローカル・ルール　165
4　観光地の俗化をどのように防ぐのか　168
5　地域のローカル・ルールを守る大切さ　174

第10章　人と野生動物はどのような関係を築いているのか？
　……………………………………………………………… **閻　美芳**　177
1　深刻さを増す獣害問題　177
2　獣害がない中国山東省の農村の暮らし　180
3　野生動物の保護から保護管理へ　184
4　村が科学的な個体数管理をやめた理由　189
5　自然と地続きの関係を見ることの必要性　193

第11章　未曾有の災害に人はどう対応していくのか？　…… **金菱　清**　197
1　人間不在の鳥瞰図と科学的思考にもとづく行政施策　197
2　防潮堤拒否の論理　200
3　お節介なコミュニティと住民主体　203
4　「死者」とどのように折り合いをつけるのか　209
5　災害レジリエンスに欠かせないもの　212

第12章　環境をめぐって人々はどのようにいがみ合うのか？
　……………………………………………………………… **足立重和**　217
1　コミュニティは万能か　217
2　いがみ合いのきっかけとしての外部権力　219

3　環境をめぐっていがみ合うとき　222
4　多様性を承認するコミュニティ　231

あとがき　237
索　引　239

第Ⅰ部　環境への考え方

第1章 環境を守るとはどういうことか？

足立重和

POINTS

(1) ある自然が世界遺産に登録されることによって，昔からその自然に深くかかわってきた人々がかえって自然に立ち入れなくなってしまうという，理不尽が起こることがある。
(2) 環境問題を報道するとき，マスメディアは，「自然か生活か」と対立的な図式に落とし込むが，それは自然とともにある現地での暮らしの事実をゆがめている。
(3) 自然に親しみ，その恩恵を受けつづけた人々は，自分たちの生活を成り立たせるために，常に地元の自然を見守りつづける「番人」である。
(4) 自然を相手に自分たちの生活を守ることは，結果として自然を守ることにもなる。
(5) 自然の守り方には多様性があり，人の手が加わることで自然を豊かにする方法もある。

KEY WORDS

環境問題，マスメディア，地元の生活，自然の番人，環境の守り方，純粋でない自然

1 環境問題を知る"窓"としてのマスメディア

あなたは，いわゆる「環境問題」をどこで，どのようにして知るのだろうか。たとえば，都市部に暮らしている人ならば，「車と人でゴミゴミしているので，もっと緑溢れる，くつろげる場所がほしい」とか「近所にあたりかまわずエサをまく人がいて，ハトやネコが増えて，フン害で困る」といった経験があるだ

ろう。あるいは、農村部に暮らしているみなさんならば、「せっかく家で一生懸命つくった作物を、イノシシ、シカ、サルに食べられてしまう」とか「いつも釣りしたり遊んだりする川に、急にダムができるみたいだけど、絶対にいやだ」といった経験があるのかもしれない。こういった経験から、それは自分や家族だけではなく、みんなが悩んでいる環境問題なんだと気づくことがある。その気づきは、たいへん切実で大事なものだ。

　もうひとつ、私たちが環境問題を知る経路で重要なものとして、テレビや新聞といったマスメディアもある。私が子どもの頃は、親から「テレビばっかり見ていたら、アホになる」とよく小言をいわれたものだが、近年の若者のあいだではテレビ・新聞離れ、マスメディア離れが進み、インターネットやSNSなどに関心を抱く人が多いようである。しかし、日常生活のグローバル化が進み、私たちのひとつひとつの行動が世界とつながっている時代に、世界の"窓"ともいうべきマスメディアが発信するニュースやドキュメンタリーなどに触れないのは、現代を生きるうえでマイナスなこともあるのでは、と思う。とくに、本書がテーマにする「環境」の場合、日本だけでなく世界各地で、あるいは世界全体で起こるような、今まで自分が知らなかった環境問題を知るためにも、マスメディアは欠かせない。マスメディアから「環境問題」を知ることも、現代における大事な経験だと言えるだろう。

　だからといって、マスメディアから伝えられることを100％鵜呑みにするのは、これまた問題がある。大事なのは、マスメディアから伝えられる情報や知識を、自分なりに咀嚼して現代という時代を読み解くことなのだ。この章では、ある新聞記事を題材にして、環境を守るとはどういうことなのかを環境社会学の立場から考えてみたい。それを通して本書全体を貫く考え方を提示するが、これは環境とともにある現代を生きるうえでも大切な考え方となるだろう。

2　環境問題の典型的な語り方

ある新聞記事から

　2005年3月3日の朝日新聞朝刊に，私は次のような記事を見つけた。それは，雪をかぶった山々と雪原に群れるエゾジカの2枚の写真が添えられた，自然豊かな北海道・知床半島の世界自然遺産登録に関する記事である。見出しには「知床，世界遺産登録へ難題」「保護と漁業　両立は」とあった。とくに後者の見出しの文字は一番大きく，しかも白抜きになっていたので，とてもよく目立っていた。その記事は，おおよそ以下のような3つの構成からなっていた。

(A) 「厳冬期の生態系探る」＝知床半島羅臼町上空を，厳冬期のワシ類のねぐらやエゾジカの生態を調べる「厳冬期知床野生動物調査」のヘリが飛ぶ。なかでもエゾジカは数が増えて草木を食い荒らすので，その管理は急務だ。その行動がわかれば，世界遺産登録後の自然保護策を考える際にも生かす計画であり，そのために調査している。

(B) 「漁獲制限？　漁師ら反発」＝ところが，ここにきて世界遺産登録を審査する国際自然保護連合（IUCN）は，日本の環境省宛に海洋生態系の保護強化や登録の対象海域の拡大を求める2回目の書簡を送った。どうやら，IUCN側は，沿岸1キロ以内に設定した遺産候補地で今でも漁業が盛んに行われていることに不満をもっているようだ。すでに1回目の書簡への回答にて，環境省は，地元羅臼漁協による自主規制の実績を強調し，管理計画作成を約束したにもかかわらず，である。つまり，2回目を送ってくるのは，依然として状況が改善されていないとするIUCNの不満の表れだ。その書簡に対して，「海獣保護のために漁獲を制限すれば，困るのは漁民」「生活が脅かされるなら，世界遺産はいらない」と，羅臼漁協は反発する。環境省東北海道地区自然保護事務所所長も，「予想外」と苦しい表情を浮かべた。

(C)「対策回答 期限迫る」＝自然と生活の折り合いを具体的にどうつけるのか。国と地元の調整を図る北海道は，「地元の理解なしに遺産登録はあり得ず，漁業規制をしないことが基本姿勢」としている。だが，IUCN への説得力ある回答ができなければ，登録が困難になるのは確実だ。回答期限は3月末で，登録の正式決定は7月に南アフリカのダーバンで開かれる第29回世界遺産委員会の予定である。

これこそ「環境問題」の典型，と記事を読んで私は思った。そこで，この記事を学生にも読ませてみた。すると，学生の多くは，記事のように「保護 vs 漁業」「自然 vs 漁業」の対立を当然としながら，「双方の言っていることはもっともだが……このような矛盾をどうしたら解決したらいいのでしょうね」と困惑したコメントをした。なかには，「この矛盾を何とかするのが，あなたがた環境社会学者という専門家の仕事でしょ」と詰め寄るようなコメントもあった。

この記事には問題がある

　この記事をサラッと読むと典型的な環境問題の報道と読め，「現場ではこのような葛藤があるのか」と納得するのだが，じっくり読むとこの記事はどこかおかしい。とくに記事の構成でいう(B)の部分にもっともよく表れているのだが，ここでいうおかしさとは，(1)記事の内容にかかわる世界遺産登録制度そのものと，(2)記事の形式にかかわる環境問題を枠づけるしかたにある。

　まず(1)からみていこう。知床半島が世界遺産に登録されることは，たいへん名誉で誇らしいことである。とくに，ここに登場する漁協をはじめとする地元住民や行政ならば，よけいにそう感じるだろう。なぜなら，世界でも価値ある貴重な自然が，ここ知床に"残っている"と認定されるからだ。日本では，1992年に世界遺産条約を批准したことから世界遺産登録制度は始まった（文部科学省 2018）。知床半島の世界遺産登録に向けた動きとしては，2004年に環境省がユネスコ世界遺産センターに推薦書を提出し，その後，IUCN による現地

調査が始まっている（知床データセンター　2006-2018a）。どうやら，この誉れ高き制度は，比較的新しくできたものなのである。

　ここで疑問なのは，知床の自然を守るために，この制度が始まる前からずっと，漁師さんたちは，外部から漁業規制されていたのか，という点である。おそらく，それはないだろう。漁師さんたちは，これまで何の制約も受けることなく漁をしてきたはずである。つまり，地元羅臼漁協の人々は，そのように漁をしつづけてきたにもかかわらず，それでも世界遺産に登録されるほどの自然は維持されてきたのだ。ところが，その後に新たに降りかかってきた新参者の世界遺産登録制度によって，世界的な機関であるIUCNから「知床を世界遺産に登録しますので，つきましては明日から漁は制限してください」と通告されるのは，どこかヘンで，理不尽なのではないだろうか。

　次に(2)にいこう。(1)のように考えるならば，地元住民が外部からの制約なく漁をしていくことは，世界遺産に登録されるほどの貴重な自然を守ることと何ら矛盾しないことになる。つまり，漁業と自然はすでに両立可能なわけだ。そうすると，記事にある「保護 vs 漁業」「自然 vs 漁業」の対立をあたりまえとする事実の枠づけ方そのものがおかしいと言えよう。これは，事実を伝えるべき新聞がその事実に反している，と言えなくもない。新聞というマスメディアのちからが，いわゆる「環境問題」の典型的な語り口を用いて，地域での暮らしの事実をゆがめてしまっている。もちろん，記事を書いた記者は，何もわざと事実をゆがめようとしているのではない。むしろ，この記者は誠実に「環境問題」に向き合っている。だが，記者が誠実に「環境問題」に向き合えば向き合うほど，知らず知らずのうちに，世界的な正義となったIUCN側の環境保護の考え方に加担してしまうことになった。ここに，世界的にあたりまえとなった「絶対的正義」の怖さがある。これら(1)と(2)の点から，はっきり言ってこの記事は問題含みである。

3 地元住民による環境の守り方

自然の番人

　先ほど取り上げた記事が発表された時点では，知床半島の世界遺産登録は，不透明だった。しかしその後の2005年7月に，知床は無事，世界遺産に登録されるに至る。記事にあるIUCNによる2回目の書簡から正式な登録に至るまで，国（環境省），地方公共団体，地元住民がどのように対応して審査の壁を乗り越えていったのかは，しっかりとした現地調査が必要なのだが，公開された文書を読むかぎり，地元漁協による自主規制が一定程度認められたのだろう。[2]その点で言えば，記事を読んだ多くの学生たちが困惑した「保護 vs 漁業」の矛盾は，収束に向かったようにもみえる。お互いが譲歩しあった結果，世界遺産に登録されるし，また漁業も続けられる。これからは，ユネスコのような国際機関，国，地方公共団体，漁協をはじめとする地元住民といった利害関係者（＝ステークホルダー）が手と手を取り合って，知床の自然環境を科学的に管理していこう。[3]これで，メデタシ，メデタシ……。

　いや，ちょっと待ってほしい。前節の(1)でも述べたように，世界遺産登録制度の前から，あるいはユネスコやIUCNにとやかく言われる前から，地元漁協が何の制約もなく漁をしていても世界遺産に登録されるほどの自然は維持されてきたのだ。だが登録によって地元漁協は，世界遺産という"お墨付き"のために「自由に」漁ができなくなってしまった。つまり，前節でも述べた理不尽さは，世界遺産登録後も解消されていない。

　私が登録前後の漁師にこだわるのは，知床に先行する事例にも同じ理不尽さがあったからなのだ。それは，1993年に世界自然遺産に登録された，秋田県と青森県にまたがる白神山地での例である。白神山地ではかつて，ブナ林を伐って林道を通すという開発問題が湧き起こっていた。林道開設に反対する自然保護団体は，開発を止める戦略として世界遺産登録を思いつき，登録実現のための運動を展開していった。それが功を奏して白神山地は世界遺産登録に至り，

開発は中止された。ところが登録後，その旗振り役である環境省は，「世界遺産」を理由に山地内に鳥獣保護区を設定して，白神山地への人間の立ち入りを禁止してしまった。このときの新聞記事を引用しよう。

　　環境省は「地元の猟友会などの同意が得られた」としているが，マタギの流れをくむ一部の住民は不満を募らせる。青森県鰺ケ沢町のＡさん（54）は「山の知識を提供してきたのに，国は取るもの取ったら，今度は入るなという」。〔ある自然保護団体の〕代表のＢさん（52）は「白神の自然は共生してきたマタギなくしてありえない。それを無視して，今後，だれが山の情報を知らせてくれるのか。クマも増え，バランスが壊れるかもしれない」[(4)]。

　この記事からうかがえるように，どうやら環境省は，世界遺産登録に向けて，クマを獲るために山とかかわってきたマタギから白神山地の情報や知識を教えてもらっていたようだ。ところが環境省は，登録後は手のひらを返してマタギも山に入るなと規制をかけたのだった。

　環境省は白神山地ですでにブナ林の保存でもこれと同じことをやっていて，ブナ林の「保存地区」に指定されたところでは，人間の入山を厳しく禁止してきた。それに対して，あるマタギは，「『そこ〔山〕に入るな』ということは自分らにとっては，『家から一歩も出るな』ということに等しい」（鳥越 2001：8，〔　〕は引用者による）と批判していた。つまり，マタギが昔から自由に白神山地の山を行き来してクマを獲ってきたにもかかわらず，世界遺産に登録されるほどの自然は残されてきたのだ。ところが，世界遺産に登録されるやいなや，その同じマタギは，「家から一歩も出るな」という表現にあるように，自由に立ち入ることができた自然から追い出されてしまった。このマタギの立場は，世界遺産で漁の制限を受ける知床半島の漁民の立場と似ているのではないだろうか。

　世界遺産登録制度が導入されるずっと前から，地元の漁協もマタギも，よそ

から何の制限も受けることなく漁，猟をしてきたが，それでも世界的に貴重な自然は保たれたのだ。つまり，漁師が毎日漁に出て海を見つづけてくれたからこそ，世界に誇る自然が保たれてきたのではないだろうか。そういった意味では，知床半島の漁師や白神山地のマタギは，「自然の番人」なのではないのだろうか。その番人のおかげで世界遺産登録が可能になったにもかかわらず，登録後にその功労者である番人を追い出すのは，理不尽だと言わざるをえない。

生活＝自然を守ること

では，自然の番人である地元の漁師たちは，何のために漁に出て，海を見つづけるのだろうか。それは自分たちの生活を成り立たせるためである。彼らの目的は，世界遺産登録制度のように自然を保護することではない。

このように述べると疑問に思う人がいるかもしれない。世界的に価値のある自然のためではなく，自分たちの生活のために海とかかわるのであれば，彼らは，生活の豊かさを追求するあまり，魚を獲り尽くしてしまうのではないのか。それがひいては，「資源枯渇」「環境破壊」につながるのではないか。そんな私欲にまみれた人々を「自然の番人」にするのは問題があるのではないか。このことは，私がさきほど「登録前には，地元漁協は，誰に指図されることなく，自由に漁をしてきた」と書いたことにかかわっている。

たしかに，人間というものは，私欲にまみれた，欲深い存在だ。もし漁師さんたちもそうだとして，短期的な利益に目が眩んで，ある年，1年中1日中お構いなしに漁に出て，たとえ稚魚であろうと何であろうと，すべての魚を獲りつくしたとしよう。そうすると次の年，漁師さんたちは，魚がほとんど獲れずに生活が成り立たなくなってしまう。そうなれば，困るのは漁師さんたち自身だ。どうやって自分たちの家族を食べさせていくのだろうか。しかし，そんなことにならないように，多くの漁協では，魚が成長するまでの期間は禁漁にしたり，小さいものは獲ってはいけないとしたり，根こそぎ獲れるような道具は使わないようにしたりして，みんなで守るべきルールをあらかじめ決めている。そうやって彼らは，自然を守りながら，次の年もその次の年もそのまた次の年

も漁ができるようにして，ずっと生活を成り立たせていこうとしているのだ。このことは，何も自分たちの代だけで完結するわけではない。自分たちが今こうして漁ができて生活を成り立たせることができるのも，親の世代，祖父母の世代そして先祖代々のおかげである。そんな生活の糧である漁を，地元住民は，自分たちの世代だけでなく，子どもの世代，孫の世代そして末代まで永続させたいと願っているのだ。⁽⁵⁾

　ルールを自分たちで設定して，それをみんながきちんと守ることで，そこに住む人々の生活は守られていく。⁽⁶⁾ さらに，そうやって生活を守っていくことこそ，結果として，海をはじめとする自然を守ることにつながっている。つまり，地元で身近な自然にかかわって，そこから恩恵を受けて生活を立てている人々は，自分たちの生活が成り立たなくなるまで自然を破壊するようなことはしない。その反対に，彼らは，自分たちの生活を豊かにしようとするために，身近な自然を豊かにしていこうと努めていく。このことは，前節の(2)でいう「自然／生活」が対立しているのではなく，「自然＝生活」，より正確に言えば，生活を守ることと自然を守ることがイコールになることを意味しているのだ。

　このような自然の守り方は，自然と人間の生活の距離が近く，これまで自然の恵みを得て人間の生活をささえてきた地域にぴったりとフィットする。日本をはじめとするアジア地域は，その典型である。そのような地域で自然とは，人の手が加わることのほうがあたりまえなのであり，どうしても人間は自然とかかわらねば生きていけない。そんな土地に世界遺産登録制度が主張する自然保護の方法を押し付けてしまったらとんでもないことになるのは，目に見えているだろう。要するに知床半島や白神山地の事例で現れた理不尽さは，その土地本来の人と自然のつきあい方を無視して，まったく異質な自然保護の考え方を導入してしまった"ボタンの掛け違い"に原因がある。また，それを報道するマスメディアも，この掛け違いに気づかぬまま，その土地とは無縁の自然保護の考え方を"あたりまえ"として事実を切り取ってしまったのだ。⁽⁷⁾

4　環境の守り方の多様性

人の手が"加わる"と"加わらない"の連続性

　では，環境を守るとは，いったいどういうことなのだろうか。環境社会学の立場から言えるのは，自然の恵みを受け取ってきた地元住民の生活を守ることこそ，環境を守ることにつながる，という点である。

　そのしくみは，こうだ。生活を守るために，地元住民は常に自然とかかわって生きていかなければならない。それは，自分の代だけでなく，過去の世代から受け継がれ，やがて未来の世代にも引き継ごうとする。そうやって自然と向き合う番人のような存在である地元住民は，結果として，知らず知らずのうちに自然を守っていくのだ。

　このような自然の守り方は，自然に人の手が加わることを肯定する。それは，人の手が加わらないことこそ環境を守ることだという，いわゆる「保護」ではなく，自然を利用しながら守っていく「保全」なのである。ということは，あの新聞記事にあったIUCNひいてはユネスコ流の自然の守り方は，「保護」の考え方だったということになる。したがって，本書が主張する自然の守り方とは反対に，ユネスコなどの国際機関は，人の手が加わることを強く否定する。このような守り方は，人と自然のあいだに相当の距離があるような地域ならば有効だろう。

　たとえばハリウッド映画に登場する「ハイウェイ」の風景を思い出そう。主人公が車でハイウェイを走っていると，やがて場面はビルが立ち並ぶ街中から街はずれへと切り替わっていく。すると急に，辺り一面，ポツポツ生えるサボテンとゴツゴツした岩だけで，あとは黄土色のむきだしの荒れ地が広がるなかにハイウェイだけが地平線に向かっているというシーンを見かけたことがあるだろう。そんなシーンを見たとき，私はフッと「こんなところでガス欠になったら……」と不安になったりする。実際に映画では，こういう自然で主人公を乗せた車が立ち往生して，街からの助けがくるまでしかたなしに野宿するとき

は，コヨーテやオオカミに襲われないように夜通し焚火しているというシーンなどを見たことがある。このように人が住んでいるところと物理的にかけ離れている土地の自然を守るには，人が立ち入ったり，手を加えたりしてはならないとするという方法は，そもそも何の問題もなく有効だろう。

　しかし世界中，こうしたアメリカのような自然ばかりではない。つまり，世界遺産登録制度のような方法だけが，自然の守り方として唯一絶対ではないのだ。世界遺産登録制度に代表される自然の守り方は，そもそも欧米出自の発想なのであって，それが世界標準となって世界全体を席巻してしまった。ところが，世界中のローカルな現場に目を凝らすと，一方の極に完全に人の手の加わらない守り方，手つかずの自然があるとすると，もう一方の極に人の手が加わることを前提にする守り方があって，その両者のあいだは連続体になっていて，人の手の加わり方の度合いに応じて，さまざまな守り方が存在している（鳥越 2004：19-22）。たとえば，人の手が加わらない守り方を"0"とし，人の手が加わる守り方を"1"とすると，その"0"→"1"のあいだには，無数の小数点以下の守り方があると考えるとわかりやすいかもしれない。それだけ多様な守り方があるなかから，その地域の人と自然の距離やかかわり方に応じて，守り方を選択すべきなのである。

"純粋でない"自然への親しみ

　ただ，環境を守るとはどういうことかと尋ねられて，「人の手がいっさい加わらない自然をそのままにしておくこと」と答える守り方は，どことなく"浅い"回答のようにも感じられる。それは本当に自然と向き合ってつき合おうとしている答えなのか，と。

　この点で，環境社会学者の宮内泰介は，パプアニューギニアの熱帯林に暮らす人々が生活を成り立たせるために利用する植物について興味深い研究をしている。たとえば，地元住民が食用にしているアマウという植物がある。このアマウが生えているところは，村から離れた天然林のエリアにはなく，人間が切り開いた人里や道路の周辺に限られるのだという。つまり，アマウは，人間が

自然を切り開くことではじめて"勝手"に生えてくる植物であり，人間が開拓しなければ生えることはなかった。また，漁で必要なカヌーの材料などになるファサの木は，森に自然に生えていて，まっすぐ伸びて10年ほどでカヌーにふさわしい大きさになるのだが，そのまま"自然"任せにしていたら，ファサに寄生する雑木が宿主を絞め殺してしまうという。そこで，人間がカヌーを作る目的で周辺の雑木を切りつづけることによって，もともと野生だった木の成長を手助けしているという（宮内 2003：132-140；足立 2017：9）。

　このように，人間のしわざ—自然本来のちからという連続体の真ん中に位置づく，人間が少しだけ栽培・管理し，残りは自然のまま放置するという栽培のあり方のことを，環境社会学では「半栽培」と呼んでいる。アマウやファサのような半栽培の植物は，人間の助けを借りて，あるいは，人間のちからと自然のちからの"合わせ技"で生育していると言ってよい。さらに，環境社会学的にみて興味深いのは，人が自然に働きかけていると同時に自然も人に働きかけており，それによって人の生活も自然の生活もともに豊かになっているということだ。何とも"深い"人と自然のかかわりではないだろうか。

　もしかしたら，はたして半栽培は「純粋な自然」なのか，と訝しく思う読者がいるのかもしれない。このように訝しがる読者にとって，自然へのちょっとした人間の働きかけは「撹乱」であり「悪」とみなされるのだろう。しかし，環境人類学者の秋道智彌は，半栽培にみられる「人間による適度の撹乱が豊かな自然を維持してきた」としたうえで，「自然の撹乱が悪……とする考えは，こうした人間活動を考慮すると，かならずしも成立しないことになる」と述べている。さらに彼は，「人間の『賢明な』撹乱こそが，豊かな自然を創造していくのだ」という新しい自然再生と自然観を提唱する（秋道 2004）。そうなのだ。人間と自然を切り離して自然を守るという守り方ではなく，人間と自然が適度に絡み合って両方の暮らしを守るほうが，深く，そして，賢いのだ。はたして，現代に生きる私たちは，実際にそのような暮らし方ができているのだろうか。

　私は都会の下町で育ったが，それでもまだ幼い頃には街中に田んぼがポツポ

第1章 環境を守るとはどういうことか？

ツとあった．幼い私は，近所の幼なじみとともに，おのおの手に網をもって，水の張られた田んぼに勝手に入って，カブトエビを獲るのに夢中だった．カブトエビは，田んぼがあってはじめて"湧いて"くるのだ．乏しい自然体験と言われればそれまでなのだが，それでもあのワクワク感は今でも忘れられない．大人になって，田んぼや里山をはじめとする"純粋でない"自然（鳥越 2004：43）を眺めていると，そんな昔のことを思い出しながら，何となく心がホッコリとする．それと同時に，そうした文化化された自然に，私は人間と自然の営みの深さを感じざるをえないのだ．

人間の営みを含み込んだ"純粋でない"自然への親しみがあることを認めたうえで，それではいったい，私たちはどのような自然を守るべきなのだろうか．今，そのような議論が求められている．

 読書案内

嘉田由紀子（語り）・古谷桂信（構成），2008，『生活環境主義でいこう！――琵琶湖に恋した知事』岩波書店．
　本書のいう環境社会学とは，より専門的に言えば，「生活環境主義」という立場にもとづいている．生活環境主義者で滋賀県知事まで務めた嘉田由紀子が，この立場と，それを可能にした琵琶湖愛を平易に語っている．

宮内泰介，2017，『歩く，見る，聞く 人びとの自然再生』岩波書店．
　本章で紹介した海のようなコモンズ，半栽培，異なった価値観をもった人々の合意形成などの魅力的な事例が多数紹介されている．環境社会学的なフィールドワークのガイドブックとしても，たいへん役に立つ．

鳥越皓之，2004，『環境社会学――生活者の立場から考える』東京大学出版会．
　生活環境主義の提唱者による環境社会学の入門書．多様な人間と自然のつきあい方や，それにもとづく自然や暮らしの守り方があることを気づかせてくれる．環境社会学を体系的に学ぶのにも非常に便利である．

注

(1) 『朝日新聞』2005年3月3日朝刊．
(2) 2回目の書簡に対し，環境省は，漁協者による自主管理を組み込んだ海域管理計

画作成を促進し，その規定を強化するとともに，世界遺産推薦海域を距岸1キロから3キロに拡張することを主な回答とした（知床データセンター 2006-2018b）。これを受けて，第29回世界遺産委員会では，上記の2点を含めた計5点の実施措置を勧告したうえで，登録を認めた（知床データセンター 2006-2018c）。

(3) 実際，登録後の2007年に，生態系保全と持続的な漁業の両立を目指す「多利用型統合的海域管理計画」が環境省と北海道によって策定され，そこに「漁業者による自主規制」が組み込まれて，これが「知床方式」として世界的に高く評価されているという（環境省 2013）。だが実際はどうなのか，ここで現地調査が必要になる。

(4) 『朝日新聞』2004年10月6日朝刊。なお，引用では私の判断で人名・団体名を匿名にしたが，実際の記事では実名で報道されている。

(5) ここで「先祖代々」と述べたが，北海道でそれはどれくらいの時間をさすのか。というのも，もともとこの土地に住んでいるのは，アイヌ民族だからである。明治に入って，日本政府は先住民であるアイヌ民族の土地権を奪い，奪った土地に本州からの移民を入植させた。さらにもっと理不尽なことも明治期からずっと続いている。そう考えると，「地元住民とは誰なのか」という政治的な問題が浮上し，本章全体の"正しさ"はまったく書き換えられるだろう。その点で言えば，知床の世界遺産登録の過程でもアイヌ民族はまったく無視されていた。このような議論に関心をもったみなさんは，ぜひ小野（2006）を参照してほしい。また，世界遺産登録による観光客急増を契機に，アイヌの人々が，エコツアーのガイドとしてかかわりながら，この土地と自分たちのつながりを取り戻す実践については，矢倉（2012）が詳しい。

(6) このような地元の"みんな"の生活を保障する自然のことを，環境社会学では「コモンズ」と呼んでいる。詳しくは，本書の第3章を参照。

(7) "純粋な自然"が絶対とする自然保護の考え方は，今も続いている。日本政府は2018年現在，日本で5番目の世界自然遺産の候補地として奄美・沖縄を推薦しようとしているが，「これらの地域では希少動物の生息地が人の生活圏と重なっている場所もあり，保全のため利用を制限する線引き」（土屋 2017）がむずかしいために，ユネスコから具体的な候補地を示すように求められているという。また世界的にみれば，政府などが決めた自然保護区によって生活が制限されたり，ひどい場合には追いだされたりする「自然保護難民」が今も絶えない。詳しくは，宮内（2017：56-61）を参照のこと。

文献

足立重和，2017，「人と自然のインタラクション——動植物との共在から考える」『環境社会学研究』23：6-19。

秋道智彌，2004，「私と環境」『朝日新聞』2004年9月26日朝刊。
環境省，2013，「日本の自然遺産——知床」(https://www.env.go.jp/nature/isan/worldheritage/shiretoko/measure/index.html)。
宮内泰介，2003，「自然環境と社会の相互作用」舩橋晴俊・宮内泰介編『改訂 環境社会学』放送大学教育振興会，132-144。
宮内泰介，2017，『歩く，見る，聞く　人びとの自然再生』岩波書店。
文部科学省，2018，「日本のユネスコ活動の歩み」(http://www.mext.go.jp/unesco/002/002.htm)。
小野有五，2006，「シレトコ世界自然遺産へのアイヌ民族の参画と研究者の役割——先住民族ガヴァナンスからみた世界遺産」『環境社会学研究』12：41-56。
知床データセンター，2006-2018a，「知床世界自然遺産の経緯」環境省(http://dc.shiretoko-whc.com/process.html)。
知床データセンター，2006-2018b，「知床（日本）に関する国際自然保護連合（IUCN）からの書簡に対する回答について」環境省(http://dc.shiretoko-whc.com/data/process/200503/letter2_rej.pdf)。
知床データセンター，2006-2018c，「第29回世界遺産委員会における知床の審査結果について（概要）」環境省(http://dc.shiretoko-whc.com/data/process/200507/result.pdf)。
鳥越皓之，2001，「人間にとっての自然——自然保護論の再検討」鳥越皓之編『講座環境社会学　3　自然環境と環境文化』有斐閣，1-23。
鳥越皓之，2004，『環境社会学——生活者の立場から考える』東京大学出版会。
土屋敏之，2017，「奄美・沖縄　世界自然遺産への課題」（時論公論）日本放送協会(http://www.nhk.or.jp/kaisetsu-blog/100/260472.html)。
矢倉広菜，2012，「神に守られた自己——知床におけるアイヌのエコツアー実践から」『名古屋大学人文科学研究』41：95-108。

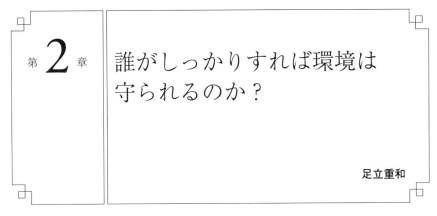

第2章　誰がしっかりすれば環境は守られるのか？

足立重和

POINTS
(1) 地元住民は，日常の自然環境を熟知しているので，何かちょっとした異変でも，すぐに気づく鋭い感覚をもっている。
(2) 地元住民は，自然環境のふだんとその変化への感覚を蓄積することで，それへの対処に有用な「生活知」をもっている。
(3) 地元住民は，自分たちの生活を成り立たせている自然環境を守るために，お互いに「信頼」し合うとき，想定を超えた大きなちからを発揮し，みんなで大きな恩恵を享受する。
(4) 地元住民は，自分たちの生活を守るために，その自然環境に働きかけることによって，結果として自分たちの意思が通らなければ環境改変ができないほどの"権利"をもつことになる。
(5) 身近な環境を守るためには，上記の(1)〜(4)の理由から，地域コミュニティがしっかりしなければならない。

KEY WORDS
住民の感覚，生活知，社会関係資本，共同占有権，地域コミュニティ

1　環境問題は誰が解決すべきなのか

　第1章では，知床半島の世界自然遺産登録をめぐる新聞記事をもとに，本書全体を貫く視点として環境を守るとはどういうことかを考えてきた。そして環

境を守るとは，たとえば知床に住む漁師さんたちの立場に立って考えるということだった。つまり，本書全体の議論は，環境を守るときに，そこに暮らす地元住民の立場から考えるべきということになろう。

このような立場性をとることに「オヤッ⁉」と思う読者も多いのではないだろうか。というのも，次のような批判が予想されるからである。

この本の書き手は曲がりなりにも「科学者」なんでしょ。科学は環境の守り方や環境問題に対して「客観的」「中立的」「第三者的」でなければならないのに，そんな偏った見方でいいんですか。

「環境」をテーマにした学問でまず思い浮かべるのは理系の学問，すなわち自然科学だろう。

自然科学を専攻する研究者たちは，高度な科学的研鑽を積むことで，不偏不党な"神"のような視点に立って自然環境の真理に到達することができるのだから，そのような透明な視点こそ，人類の英知として最善なものである。よってこれからは，人類にとって大切な環境を守ったり，今ある環境問題を解決したりするのは，高度に科学化した知識をもつ専門家たちにお任せすればいいではないか。というのも，私たち素人には，そんな自然科学系の，専門用語，化学式，数式，グラフ，シミュレーションなどはむずかしすぎてわからないのだから，という具合である。

あるいは，こう考える読者がいるかもしれない。科学者とはまた違った，「客観的」「中立的」「第三者的」な目をもつのは，国や地方自治体などの行政ではないだろうか。というのも，彼らは，すべての住民に平等にまんべんなく，サービスを提供したり政策を立てたりしなければならないからである。できるだけ平等かつ均等に住民全体に接するのが，行政の務めである。この務めを全うするために，行政職員は，さまざまな制度や法令に詳しい専門家でなければならない。ここでもまた，行政職員のような専門家に任せればいいのではないか，という考えがフッと頭をよぎるだろう。というのも，私たち素人には，そんな社会科学系の，行政用語，制度やしくみ，法律などはむずかしすぎてわからないのだから，と。

実際，第1章でも記したように，あの新聞報道の後，無事に世界自然遺産に登録された知床では，自然科学系の科学者と環境省・北海道といった行政が主導して「知床方式」なる海域管理計画が立てられていた。

　しかし，科学者や行政職員といった外部の専門家にお任せして本当に大丈夫なのだろうか。第1章のように，自分たちの生活を成り立たせるために四六時中，身近な環境を眺めつづけた漁師の知恵は，一時的によそからやってきた専門家の科学知よりも，はたして劣ったものなのだろうか。つまり，いったい誰がしっかりすれば環境は守られるのだろうか——本章で考えたいことは，この点である。

2　ちょっとした騒音問題

　なぜここで"誰が"を問題にするのかといえば，実は昔こんなことがあったからだ。今から約20年前，私がはじめて教員として着任したのは，愛知県のとある大学だった。その大学は，1960年代に，当時県内に散らばっていた分校を統合するためにキャンパスを移転・統合した。当然，広大な敷地を確保しなければならないので，田園地帯にある山を切り拓いて今の大学キャンパスをつくった。最寄り駅からはバスで20分くらい離れており，私が着任した1990年代後半になっても周辺には何もなく，にぎやかな最寄り駅からバスで大学へ近づくにつれてどんどん寂しくなっていき，あぁこれからここで生活するのかと不安に思ったのを覚えている。

　大学の敷地内には，学生寮のほかに教職員用の団地3棟とその隣に鉄筋2階建ての独身寮があった。当時独身だった私は，大学職員から寮への入居を勧められた。その寮は開学当時に建てられたもので，台所，洗面所，トイレ，風呂は共同，入居者の部屋はなんと4畳半1間で部屋数22，定員22名であった。1960年代ならいざ知らず，ここ数年入居希望者はまったくいなかった。そこで大学は，さすがに4畳半は狭かろうと壁を抜いて，4畳半2間で1室，定員11名で募集をかけたが，やはり入居希望者はなかったという。建物の老朽化もあ

り，大学の教職員も学生も，「あそこには誰も住んでいないんでしょ」と廃墟のように思われていた。それでも私の着任当時，2名の教職員が住んでいて，静かでそれなりに快適だという。私を連れてキャンパス内を案内してくれた教授は，「足立さん，これも青春じゃないか！」と多少無責任に入居を勧めた。まったく知らない土地で不動産物件を探すのも面倒だし，それになんだかおもしろそうだと思った私は，そこへの入居を決めた。

こうして新生活がはじまり，第一印象では"寂しい"と思ったところにも，"廃墟"と言われていた寮にもすっかり慣れ，「住めば都」ってこのことだな，と快適に過ごしていた。私の入居後，1人2人の出入りはあったが，結局3名の教員が寮に定住していた。ときには，8畳くらいの共同ダイニングで飲み会などをして，楽しくやっていた。

そんなある日，深夜に研究室から寮にもどって，玄関の扉に鍵を差し込んだとき，「ブーン」という蚊の鳴くような音が耳元で鳴っているのに気がついた。キャンパスには手入れの行き届かない雑木林があちこちにあり，いろいろな虫がたくさん出たので，はじめは気にならなかった。ところが，さて寝ようと布団に入ると，やっぱりあの「ブーン」という小さいけれどもモスキート音のような音が耳元でする。付近の道路を走る車ならば通り過ぎるのに，通り過ぎていかない。ずっと不快な音が耳元で鳴っているのだ。しかも夜も深まって辺りが静かになればなるほど，音のほうはどんどん大きくなるような気がした。あぁ，眠れない……。

そんなふうに眠れないまま朝を迎えた。眠れなかったので身体がだるい。そうした日が2～3日続き，とうとうたまりかねて，隣に建つ団地に暮らす数人の知り合いに電話をかけて，「ほら，今，聞こえるでしょ？」と尋ねてみた。皆一様に，「そんな音聞こえない」と電話口で言う。風向きか，団地の窓の向きか，生活音か，ともかくあの不快な音は，たくさんの人が暮らす隣の団地には聞こえないらしい。また，日中のキャンパスでは大勢の人々が活動するので，あの不快な音は掻き消されて，聞こえない。どうやら辺りが寝静まった時間帯，しかも独身寮限定で聞こえるようなのだ。

そうであるならば，閑散とした大学であの音の発生源を突きとめてみようと，次の日曜日，音がするほうに歩いてみた。すると，約１キロ先に理系研究室が集中する自然科学棟があり，どうやらそこから音がする。棟のなかに入り，発生源はどこかと聞き耳を立てていると，ある研究室にたどり着いた。それは，とある化学の研究室だった。たまたま白衣を着た学生が研究室から出てきたので，こんな日曜日に何をしているのかと尋ねると，なかでは実験したデータを１日中採っていて，実験室を換気するための装置を24時間回しているのだという。これだ。いったん棟を出てその研究室の窓を見ると，銀色の竹やりのようなダクトが数本，外にむきだしになって屋上に伸びていて，それらはちょうど寮の方向を向きながら震えてブーンと音を鳴らしていたのだ。
　その夜，早速，生活時間がバラバラな他の住民をつかまえて，「ほら，今，音聞こえるでしょ？」と確認をとってから，音の発生源を説明した。１人の住民は，たしかに数日前から気にはなっていたが何だかよくわからないし，いずれ止むだろうと思ってあきらめていたという。もう１人の住民は，「そんな音鳴ってましたっけ？」と気づいていなかったが，「ほら？」と私が注意深く聞くよう促すと，「あぁーほんとだぁー聞こえる，聞こえる」「あ，うるさい，うるさいね」と不快がった。こうして寮の住民３人全員で，これは何とかしないといけないという結論に達し，私が急遽，寮の代表になり，発生源の化学研究室のある自然科学棟の事務室に相談することになった。
　次の日の朝一番，私はその研究室を管轄する事務室を訪ね，何とかしてほしいと訴えた。応対した事務職員は，たしかに最近化学の研究室に換気装置を設置したが，私も昼間ずっといますけど，そんな音がひどいとは思いませんけどねーとの応答をした。「いや，深夜になるとよく聞こえるんです」と私が言っても，神経質な人間が来たかのような顔色を浮かべて，でも化学の先生は外部から研究資金を獲得されて設置されてますからねーと，"あなたは正当な研究活動を邪魔するのか"と暗ににおわせながら，同じ研究者だからわかるでしょと言いたげであった。たしかにわかるところもある。だが，こちらは夜寝られない。とりあえず，話し合いをこれからももつという約束だけ取り付けて，そ

の日は事務室を後にした。

　その夜，寮住民に事務の応対を報告した。すると1人では埒が明かないので，全員でこの窮状を訴えようということなった。このとき，私たちは"一致団結"した。

　次の話し合いのとき，寮の住民全員（といっても3人だが）で，事務室を訪れた。先日と同じ職員が応対し，やはり「そうなんですかねぇ」とあやふやな返答ばかりだった。そこで今度は，私たちは，あの音がいかに不快で眠れないかを口々に訴えはじめた。そして最後に私は思わずこう言った。

　　　これはあなたがたとは違って，24時間ここで生活していかなければならない生活者としての寮住民全体の総意なんです！

　この発言を聞いて事務職員はようやく態度を変え，一度研究室の先生に相談してみますと返答した。その後，どうやらこの事態がその先生にも伝わり，それは困ったということで換気装置を搬入した業者に話したところ，その業者が，今後のこともあるので今回は無償でダクトの吹き出し口に消音装置を取り付けてくれることになった。この経緯を伝える電話が事務職員からあり，装置が取り付けられた瞬間から，どういう原理になっているのか私にはチンプンカンプンわからないのだが，あの不快な音はピタッと止んだ。

　しばらくは眠れる夜がつづいた。ところが半年後，あの不快な音がまた鳴りはじめた。私は，すぐさま事務室に直行し，「また，あの音がしているんですけど」と訴えた。それを聞いた例の事務職員は，またですかーという顔をして，でもこのあいだ消音装置つけたんですけどね，と強気だ。さすがの私も，「そうですよね……」と言わざるをえなかった。引き返そうとした瞬間，事務職員は，「一度，屋上の消音装置がどういうものか，見てみます？」と尋ねてきた。私はちょっと小声になりながら「一度見たいです」と答え，2人で屋上に上がってみた。すると，屋上が近づくにつれて，たしかにあの音がする。すぐさま職員も異変に気づき，消音装置に近寄って，「あれ，消音装置が動いていな

い！」と叫んだ。次の瞬間，今度は私のほうが"ドヤ顔"になり，私たちのちょっとした戦いは終わった。

3　住民の発言がちからをもつ根拠

なぜ住民の発言はちからをもったのか

　先の私の経験を，日本をはじめ世界各地で起こっている深刻な「環境問題」に分類するのは，やはり無理がある。ある大学内で起こった，しかも軽微な事例だからだ。だが，この身近な事例を題材にして，いったい誰がしっかりすれば，環境は守られるのかを考えてみることは可能だ。

　この事例で重要なのは，音の発生源である化学の研究室をかかえる大学側は，どうして"廃墟"と見なされていた寮の，しかもたった3人の住民の発言を聞き入れたのか，という点である。大学というところは，第一に研究・教育の場所である。あの不快な音を出してしまった研究室や大学は，「研究の自由」「学問の自由」を楯に私たちの主張を完全に突っぱねることができたかもしれないし，あるいは，音のすることを認めたうえで，その音量を科学的に測定して，それは生活上の許容範囲だから「研究の自由」「学問の自由」のために我慢しなさい，と言ってくるかもしれない。だが実際は，それらの「自由」を打ち破って私たちの主張が通り，「騒音問題」は解決した。では，なぜ私たちは勝てたのか。

　ここで大事なポイントは，3つある。すなわち，(1)大学のキャンパス内に暮らしていた点，(2)たった3人でも"一致団結"できた点，(3)住みつづけることで何らかの"権利"が発生した点，の3つである。

住民の感覚の鋭さ

　まず(1)から解説しよう。大学は，学生にとっては勉学をする場所であり，教職員にとっては仕事をする場所である。当然，勉学するにせよ，仕事するにせよ，それは，1日24時間のうちの一部にすぎない。とくに，あの音を出した研

究室のメンバーや，それを管轄する事務室の職員は，仕事のために朝やってきて夕方に帰宅する。もちろん，あの化学の研究室では1日中実験をしていて，そのデータを採るために学生が常駐しているのかもしれない。けれども，その学生とて，1人が1日24時間休みなく張りついているわけではない。おそらく，研究室メンバーによる交代制で，家や下宿に帰って，風呂に入ったり，着替えたり，寝たりするだろう。つまり，彼らは，大学のなかに一時的に滞在することはあっても，じっくりと寝たりくつろいだりする場所は別にあるのだ。

ところが，寮の住民たちは，朝起きてから夕方までは研究・教育などの仕事に従事し，夜になれば同じ大学内の寮に帰って，食事したり，風呂に入ったり，寝たりして次の朝を迎える。この"生活"には，仕事＝生業だけでなく，くつろいだり，遊んだり，休んだりといった"生きる"側面のすべてが含まれている。しかも，それは特定の場所＝大学で営まれているのだ。仕事のために大学に通っている教職員ならば，昼間一時的には不快であっても夕方家に帰ればそれで済むわけだが，大学に暮らす寮の住民にすれば，1日中音はつきまとって逃げ場はないので，それだけ深刻な問題となる。

しかも，大学内の寮で生活している住民は他の人々に比べて学内環境の24時間の移り変わりを熟知しているので，ちょっとした変化でもすぐに気づく。たしかに，通学生や教職員ならば気づかない音でも，寮の住民は大学のふだんの夜がどんなものかを知っているので，ふだんとは違う"異変"をすぐさま感じ取ることができた。このような異変を感じ取る住民の感覚は，その後もいかんなく発揮され，知らぬ間に消音装置が止まって再び音が鳴っていることをも突きとめたほどの鋭さをもつ。このことは，第1章で述べた，知床で海をみつづけてきた漁師が「自然の番人」であることと通底する。

ここでやや話を発展させてみよう。住民は，自分たちの生活を成り立たせている自然環境のふだんやその変化をよく知っているので，それらをパターン化して独特な知識を生み出すことがある。この知識を環境社会学では「生活知」と呼んでいる。生活知は，身近な自然環境をみつめつづけた住民の"感覚"をたよりに，それが時代ごとに積み重なって結晶化した知識なので，限られたと

ころにだけ有用ならそれでよしとする「局所性」（ローカリティ）をもっている。このことは，科学知が厳密な手続きをとって生み出され，そうやって生み出された知識が"いつでも，どこでも当てはまる"という「普遍性」（ユニバーサリティ）を目指すのと対照的である。

信頼という社会関係資本

　次に(2)の"一致団結"の解説に移ろう。これはみなさんも実感するところだろう。たとえばチームスポーツがそうである。野球でも，サッカーでも，カーリングでも，チームスポーツでは，もちろん１人１人の個人技も大切だが，それよりもチームの１人１人がうまく噛み合って，たんなる個々人の技術の総和以上のちからを発揮することがより重要であろう。わかりやすくいえば，1+1が2ではなく，3にも4にも10にもなることのほうが望ましい。よくマンガ，テレビドラマ，映画などにみられる，それぞれのメンバーはたいしたことはなくて勝ちにも縁遠いチームが，何かをきっかけに一致団結して，実力以上のちからを発揮し勝利をつかむというストーリーである。

　この，個々人の能力以上のものを発揮させる不思議なちからの源である"一致団結"とは，いったい何だろうか。一言でいえば，それは「信頼」である。チームスポーツでいえば，味方の誰かにボールをパスしたら，必ずいい結果を出してくれるだろうし，味方の誰かからボールをパスされたら，私もきっといい結果を出す，というものである。もちろん，いいときばかりではない。私がミスを犯したら，味方の誰かがフォローしてくれるだろうし，味方の誰かがミスを犯したら，私がフォローする，というのも信頼である。つまり，「相互信頼」である。これが強ければ強いほど，個々人は，のびのびとプレイできるのだ。

　これをふまえて，あの騒音問題に立ち返ろう。まず，あの音にはじめに気づいたのは私だった。それを生活時間がバラバラの他の住民と共有した。そのとき，それまでとくに必要を感じなかった「寮の住民自治会」なるものを即興でつくり，その代表に私がなった。ただこれだけではまだ不十分で，私だけが訴

えても、事務職員にはまったく響かなかった。全員で事務室を訪れ、全員で訴えることによって"寮住民全体の総意"が立ち上がったのである。このことをサッカーにたとえるなら、私だけで個人プレイに走る＝1人でまくしたてるのではなく、他の住民がアシストする＝自分も積極的に意見を言うことで、"総意"は成り立っていた。このとき私は、"私が何か言ったら、必ず残りの住民も言うだろう"という期待をもち、事実として住民たちは裏切らなかった。そこで、私はあえて、事務職員に向かって「これはあなたがたとは違って、24時間ここで生活していかなければならない生活者としての寮住民全体の総意なんです」と口にした。ここに至って、この発言は、たった3人の住民のものであるにかかわらず、その数を上回る迫力をもったのだ。このようなことが可能になるのは、ふだんからいっしょに作業したり、飲み会を開いたりといったコミュニケーションがあればこそ、なのである。

　このように、全員に大きな利得やちからをもたらす人々のあいだの信頼は、まるで大きな儲けを生み出す会社のもととなるお金やモノ＝資本と同じだとして、社会学ではこれを「社会関係資本」（ソーシャル・キャピタル）と呼んでいる（Putnam 1995＝2004）。社会関係資本としての信頼が強固であればあるほど、それに関係する人々は、より大きな利益や恩恵を享受することができる。たとえば、きれいな水環境と風情ある盆踊りで有名な岐阜県郡上市八幡町（以下、郡上八幡）という小さな町がある。そこで私は下宿を借りてフィールドワークをつづけているのだが、昼間に外出するとき下宿の扉に鍵をかけていると、それを見たご近所さんたちからクスクスと笑われた。どうしてかといえば、彼ら曰く、「ここらで扉開けっ放しにしてもドロボウなんて来やせん！」からだという。たしかに、郡上八幡の人々は今でも外出時に玄関に鍵をかけない。しかも、夜の外出でも鍵をかけない人がいるくらいだ。というのも、郡上八幡の人々は、近所のどの家にどんな人が住んでいるのかをすべて把握していて、見知らぬ人がやってきてウロウロとしていると、「お宅はどちらさんかな？」「○○さんに何の用事かな？」と必ず尋ねるのだ。[2] 近所の人々に尋ねられること、周辺に目が行き届いていることを、空き巣犯はとても警戒する。というわけで、

鍵をかけなくても泥棒に入られないのだ。つまり，郡上八幡の人々は，自分たちが信頼しあうことで，月ぎめで契約する民間警備会社のホームセキュリティサービスというコストを支払わなくても，鍵も必要ないほどの治安をみんなで享受しているのだ。

そこに住みつづけることで発動する権利

　最後の(3)でいう"権利"とは何だろうか。一言でいうならば，ずっとそこに住みつづけることによって，その土地や自然環境への改変などにあたっては自分たちの意思が尊重されるのを当然とする，というものだ。

　身近な例として大学生の座席の取り方をあげてみよう。私は，大学3・4年生対象のゼミナールを自分の研究室で開いている。私の研究室の中央にはロの字に机が置いてあり，14〜15名の学生が座ることができる。やってきたゼミ生は，その日の気分で好きに座っていいはずなのだが，なぜかしら毎週同じ席に座ろうとする。まるでその学生の指定席のようだ。そんなとき，ある学生が適当に空いた席に座っていると，毎週そこに座っていた学生が後からやってきて「え，おまえ，そこに座るの？」と，そこがさも自分の席であるかのように言う。そう言われると，先に座っていた学生は，「あ，じゃあ，こっち移るわ」とその席を譲ったりもする。これは大教室の講義でも同じであり，100名を超える教室でも同じ顔ブレの学生がいつも同じ座席に座っている。

　この例からわかるのは，毎週同じ席に座りつづけることで，そこがその人の"なわばり"のように自他ともに認められる点である。もしそこに別の学生が座ったら，自由席であるにもかかわらず，毎週座っていた学生の意志を無視して"なわばり"をおびやかしたかのような行動に映ってしまうのだ。極端な言い方をすれば，"みんなのもの"である（本来は大学のものだが）はずの教室の座席が，この時間だけは，ある人物の指定席のごとくなっている。藤村美穂は，日本のムラで認められた宅地や田畑などの私有地のあり方について，「ある空間が『私』有地という意味を付与されるための必要条件は，——耕す，住む，掃除する，祈るなどさまざまなかたちで——そこに働きかけることなのであり，

ある人物がどの程度その空間に働きかけているかによってその程度が相対的に決まるのである」(藤村 2001：42)と論じている。とくにここで強調したいのは，ただたんに「住む」ことも立派な"働きかけ"であるということだ。このことは，ムラ人が特定の空間に住むことの喩えとして，学生が毎週同じ座席につくことを見れば，学生はみんなのものである教室の同じ座席に毎週座るという"働きかけ"をすることで，そこがさも自分の指定席であるかのようにふるまうことができるのだ。

　これと同じことが寮の住民にもあてはまる。そもそも大学のキャンパスも寮も，すべて大学の所有物だ。寮の住民は，家賃を払って寮の一室を借りて住んでいる。そんな身分だ。しかし，私たちは，自分たちの生活を快適にするために，寮の共用部分をみんなで掃除したり，寮の敷地に生える草を刈ったり，寮に近づいてくる見知らぬ人に声をかけたりして，寮の住環境を知らず知らずのうちに守ってきた。そうして私たちは，寮のそれぞれの部屋に暮らしつづけた。つまり，寮の住民は，本来的に大学のものであるキャンパスや寮に住みつづけるという継続的な"働きかけ"を行うことで，知らず知らずのうちに「この寮は私たちのなわばりだ」「私たちのものだ」というある種の所有権を発動させたのである。このような権利を，環境社会学では，「共同占有権」(鳥越 1997：66)と呼んでいる。(3) もちろん，共同占有権なる権利は，法律上はありえない。したがって，「この寮は私たちが日々住むという働きかけを行ったので，私たちのものだ」と裁判所に訴えたとしても，それは法的には大学の財産だから，まったく正しくない。だけれども，事務職員との話し合いの場のレベルで，騒音が私たちの生活に割って入ることに対して，「ちょっと待った！」とストップをかけ，自分たちの意向が第一に尊重されるべきだと認めさせるほどの権限はある。それは，生活上，実際には寮を"所有"していることに等しい。

　以上の(1)〜(3)のポイントを根拠にして，私たちの発言はちからをもち，大学側を突き動かして，対策を講じさせることに成功したのである。(4)

4　環境保全の要としての地域コミュニティ

　本章の事例から何が言えるのだろうか。それは，いったい誰が環境問題を解決したり，環境を守ったりすべきなのかと言えば，科学的知識をもった科学者でも，法律や社会制度に通じる行政職員でもなく，そこに暮らす人々なのだということである。

　このような人々は，いわゆる専門家からすれば素人同然で，専門分化した科学知の訓練をまったく受けていない。だが，彼らは，科学知に代わって，"そこ"という特定の土地や自然環境のふだんを熟知し，その変化に反応する鋭い感覚をもちあわせており，それを時代時代に積み重ねて結晶化した「生活知」をもっている。このような感覚や生活知は，科学知を上回るほど，そこの自然環境にとって有用である可能性を秘めている。

　ただ，そのような感覚や生活知を個々人でひそかにかかえていても，それだけでは環境問題の解決や環境保全にはならない。そこに住む個々人は，寮の住民がそうであったように，そのような感覚や生活知を身近にいる人々と共有し，行動をともにしなければならない。つまり組織化である。このような地域の組織のことを，社会学では「コミュニティ」（＝地域共同体）と呼んでいる。具体的に言えば，みなさんの実家も加入しているだろう「自治（町内）会」や，それを中心とした小学校区くらいの人間関係がそれに相当する[5]。それは，その土地での「生活」への関心のもと，同じ地表を共有し，同じ生活感覚をもつという前提で成り立つ人間と人間の緊密な関係のことである。この関係性が緊密であればあるほど，それはまるで「資本」のようになって，コミュニティは想定以上の大きなちからを発揮する。さらに，コミュニティは，自分たちの生活のために，そこに働きかけ＝住みつづけることで，他の集団や組織を抑えて大きな発言力を保持する。すなわち実質的にそこを所有する権利――共同占有権――を有しているのである。

　つまり，このような性格をもつコミュニティがしっかりする，機能を発揮す

ることで環境は守られるのである。たとえば，本章の事例でいう騒音だけでなく，家の前の道路，近くの山や川，用水路，町並みなどの身近な環境の改変に対してコミュニティは，「ある種の"領土"意識」（鳥越 1994：29）を前提に，それらを生活のために利用しつづけているがゆえに，市町村などの行政に自分たちの意向を容易に反映させることができる。それと同時に，国家や企業が主導する大規模開発や大型プロジェクトに対しても，近年の「住民参加」[6]という政治的な流れをきっかけにして，コミュニティは，開発への抵抗拠点としてのちからを高めている[7]。

そういった現状の環境問題や環境保全へのかかわりのなかで，コミュニティのメンバーとしてそこに住んでいる人々は，本章で述べてきた感覚，相互信頼，権利を十分に自覚しながら，専門家や官僚などに臆することなく，自分たちにとって住みよい環境を計画していいのではないだろうか。つまり，環境を守る責任は，外部の専門家ではなく，私たちそこに住んでいる当事者にある。

 読書案内

鳥越皓之，2008，『「サザエさん」的コミュニティの法則』日本放送出版協会。
　国民的人気番組と言ってもいいテレビアニメ『サザエさん』に描かれた家族や近隣をもとに日本のコミュニティの役割や重要性についてやさしく語っている。非現実，時代錯誤と揶揄されながらも高視聴率を誇るのは，サザエさん的世界が日本人の理想像だからである。コミュニティを学びたい初学者は真っ先にこれを読むといい。

秋道智彌，1995，『なわばりの文化史――海・山・川の資源と民俗社会』小学館。
　本章でも出てきた「なわばり」だが，一般のイメージはあまりよくない。だが，他者を排除してそこから恩恵を受ける人々は，昔からそれなりの"働きかけ"をして，そこの自然資源を守ってきた。「なわばり」の意味を考えるうえでの好著である。

鳥越皓之・足立重和・金菱清編，2018，『生活環境主義のコミュニティ分析――環境社会学のアプローチ』ミネルヴァ書房。
　生活環境主義の視点から，現在のコミュニティの動きを分析しながら，自然環境や地域社会を論じた一冊。本書とはいわば両輪の関係にあり，行政や研究者に向

けた専門書なのでややむずかしいが，それぞれの章が独立しているので，関心の
ある章だけでもトライしてほしい。

注
(1) この事例で寮の住民の要求が聞き入れられたのは，「同じ大学の教職員」だった
からではないか，と考える読者もいるのではないだろうか。もちろん，そういった
側面も否定できない。そこで，本書の立場とは異なる環境社会学的な考え方を紹介
しよう。環境社会学者の舩橋晴俊による「受益圏-受苦圏」論に従うならば，この
事例で化学の研究室の先生をはじめとする大学側は，不快な音を出す換気装置を設
置して研究を進めることで利益を受けることになる。これを舩橋は「受益圏」と呼
ぶ。一方，寮の住民は，不快な音で眠ることができない苦しみをかかえている。こ
れを彼は「受苦圏」と呼ぶ。本章の事例ではこれら正反対の「受益圏」と「受苦
圏」が，大学キャンパスという同一の領域に重なっているので，「同じ教職員」ど
うしが話し合って，それぞれの受益と受苦がともに理解可能となり，この騒音問題
は比較的に解決しやすいという。これを舩橋は「重なり型」と呼んでいる。その一
方で，両者が分離していたら，解決はなかなかむずかしい。これを舩橋は「分離
型」と呼んでいる。詳しくは，船橋（1985），および，本書第4章を参照のこと。
(2) 私の子ども時代にも，ちょっと似たような慣習があった。私は，大阪の下町に住
んでいたのだが，夏休みや冬休みになると，一家で長期にわたって父や母の故郷に
「帰省」した。よそ行きの服を着て，玄関に鍵をかけてから最寄り駅に向かってい
ると，ご近所さんが私たちを見つけて「あら，どちらへお出かけですか」と必ず尋
ねた。すると，母は「ええ，これから帰省します」と答えた後，必ず「しばらく留
守にしますが，あとはよろしくお願いします」と挨拶するのである。今のプライバ
シー感覚からすれば，「なんでわざわざしばらく家には誰もいないという情報を漏
らすねん」「あとはよろしくってどういうことやねん」とツッコんでしまいたくな
るが，当時のこれらの声かけには，今の郡上八幡でみられるようなご近所を信頼す
ることで成立する防犯の意味があったのだ。だいたい今から40年ほど前の光景であ
る。
(3) この権利を前提に，その自然環境を利用・享受している人々の管理のありように
ついては本書第3章を，また具体的な自然環境としての草原の管理については本書
第7章を，観光資源としての水場や湧水の管理については第9章を，それぞれ参照
のこと。
(4) ちなみに，その寮はどうなったかといえば，2004年に，大学の経営や財産管理を
担当する部署から，やはり住民が少なすぎて有効活用されていないと指摘されて閉

鎖となり，私たち住民は隣の教職員用の団地に移るという決定がなされた。このときも，私たちは一時難色を示したが，学生の授業料や国の補助金などで成り立っている寮をたった3人で占拠するのはどうかとみんなで話し合い，全員が退去に同意した。その後，この寮は取り壊して教育棟にするとか，教職員用のワンルームマンションを建設するとか，はたまた今の大学にはそんなお金はないので，事務局の重要書類の倉庫になるとか，さまざまな憶測が飛び交った。だが，最終的には，建物自体を取り壊すことなく内部をリフォームして，心理学・教育学系のカウンセリング施設に生まれ変わった。はじめに大学を案内してくれた，あの教授が言うように，私の"青春"の1つが残った思いがする。

(5) コミュニティの範域は，1つの自治会だけの場合もあるし，複数の自治会を集まった場合もあるし，1つあるいは複数の自治会を中心にだいたい小学校区くらいの広さの場合もある。要は，そこでの「生活」の共有がどれくらいか，による。

(6) とくに2000年代に入って，さまざまな"ムダ"な大規模公共事業の見直しが叫ばれるなか，これまで国家が独占的に"上から"決めてきた計画策定のプロセスに，地元住民の意見を反映させるべきだとする考え方が出てきた。ここでいう「住民参加」とはそのことをさしている。

(7) 戦後日本の開発の歴史を紐解くと，ダム，河口堰，工業地帯，高速道路，新幹線，空港，原子力発電所などの大規模公共事業による環境破壊への抵抗拠点として，コミュニティ＝ムラは，必ず先頭に立ってきた。ここでは近年の事例研究を紹介しよう。本書のもう1人の編者である金菱清は，大阪国際空港（通称，伊丹空港）の敷地内に，飛行機の爆音のもとで暮らすコミュニティを発見する（金菱 2008）。そこは，戦前に今の空港の前身である飛行場を建設する際に労働力として徴用された在日韓国・朝鮮の人々が終戦後ももとの飯場に住みつづけたことでできたコミュニティだった。戦後，伊丹空港は国有地になり，敷地内に住む人々は「不法占拠」として何度も強制的に排除されるが，それでも彼らはこの土地で職住一体の暮らしをつづけた。彼らのバラック建ての家屋は火災が起きやすい。実際幾度となく空港敷地内で火事が起き，そのたびに空港は閉鎖となる。これでは，離発着を繰り返す空港の機能が損なわれる。その点を突いて，このコミュニティは，国と交渉しながら，火災を未然に防ぐために，道路の整備，水道の施設，電話の架設，下水道の完備などの生活基盤の要求を次々と実現させていく。最終的に，このコミュニティの住民は，伊丹市の仲介により敷地外へ移転することとなり，当初は「不法占拠」であったにもかかわらず，「移転補償」として新たな集合住宅への集団移転を実現させた。その実現は，これまで飛行場・空港建設に尽力しながらも差別と排除の仕打ちを受けつづけた在日の歴史に配慮したものだった。この例も，国有地であるにもかかわらず，そこに働きかけつづけることによって共同占有権が発生した事例と言えよう。

文献

藤村美穂,2001,「『みんなのもの』とは何か——むらの土地と人」井上真・宮内泰介編『シリーズ環境社会学2 コモンズの社会学——森・川・海の資源共同管理を考える』新曜社,32-54。

船橋晴俊,1985,「社会問題としての新幹線公害」船橋晴俊・長谷川公一・畠中宗一・勝田晴美『新幹線公害——高速文明の社会問題』有斐閣,61-94。

金菱清,2008,『生きられた法の社会学——伊丹空港「不法占拠」はなぜ補償されたのか』新曜社。

Putnam, Robert D., 1995, "Bowling Alone: America's Declining Social Capital," *Journal of Democracy*, 6(1): 65-78.(=2004,坂本治也・山内富美訳「ひとりでボウリングする——アメリカにおけるソーシャル・キャピタルの減退」宮川公男・大守隆編『ソーシャル・キャピタル』東洋経済新報社,55-76。)

鳥越皓之,1994,『地域自治会の研究——部落会・町内会・自治会の展開過程』ミネルヴァ書房。

鳥越皓之,1997,『環境社会学の理論と実践——生活環境主義の立場から』有斐閣。

第3章 暮らしとともにある環境はどのように管理されるのか？

足立重和

POINTS

(1) 地元住民は，みんなで身近な自然を利用・管理することで，たとえ法的な所有権はなくとも，実質的には"私たちみんなのもの"にしてきた。

(2) "みんなのもの"にしてきたヤマ，カワ，ウミは，地元住民の生活資材を供給する場所である。その"みんなのもの"である共有地のことを，「コモンズ」という。

(3) コモンズの代表例として日本の「入会地」を見た場合，入会地には，ムラのなかで生活に困った弱者を救済するしくみがある。そのしくみにもとづく弱者の権利のことを「弱者生活権」と呼ぶ。

(4) ムラの弱者が入会地に働きかけることでそこは"その人のもの"となるのだが，働きかけをやめるとまた"みんなのもの"に戻る。このことは，宅地や耕地といった私有地にもあてはまるため，ムラの領域はすべて，みんなのものという「総有」のかたちをとる。

(5) 近代法制定のもとでコモンズは私的所有化の波にさらされたが，ムラは，何とか共有を維持した。しかし現在，地元住民がコモンズの自然資源に関心をもたないという事態が起こっている。

KEY WORDS

コモンズ，入会地，ルール，弱者生活権，総有

1 もたざる者たちが"もっている"とは

第2章では，環境保全の主体としての地元住民に大きな発言権があることを

論じ、その根拠のひとつにその自然のある土地へ働きかけつづける＝住みつづけることで発生する「共同占有権」の存在を指摘した。つまり、たとえその土地が法的には国家や行政、あるいは、企業や個人のものであったとしても、地元住民がそこに働きかけつづけることで実質的には"もっている"のに等しくなる。これは、環境問題や環境保全にとってたいへん画期的なことである。というのも、日常的にそこを利用している者の権利が、法的に所有している者のそれを上回っているからだ。

そんなことがあるのだろうかと、みなさんは疑うかもしれない。法律というのは、国家が国民に強制するルールである。これ以上の拘束力をもったルールは他にはないはずだ。だが、このような"上から"のルールを強制しようとする国家が、日本全土にわたって監視の目を行き届かせているのかというと、決してそうではない。例をだそう。私は、大学生のとき、東海地方を流れる長良川下流域での昔の生活ぶりを地元の古老から聞き取ったことがある。この地域は、長良川だけでなく、揖斐川、木曾川と木曾三川が集中して流れ込み、しかも川面より低い土地のため水はけが悪く、絶えず洪水に悩まされてきた。そのような地理的条件から、ここは、それぞれのムラ（ここでいうムラは、行政の単位としての市町村ではなく、歴史的にみて人々が自然発生的に集まって住み始めてできた「自然村」をさしている）がその領域全体を堤防で囲む「輪中地帯」として有名だ。そんな土地に住む人々の川への関心のひとつに、堤防に亀裂があるかどうかがあった。とくに戦前から戦後にかけての旧河川法では、川は行政ひいては国家のものであったから、当然堤防の監視・補強なども国家の管理下にあるはずであった。ところが、国家は、上流から下流までのすべての堤防の状態をいつも完全に把握しているわけではない。となれば、そこに住んでいる地元住民が自分たちで気をつけなければならない。

だが、ここに住む人々は、常に緊張感をもって身近な堤防をパトロールしているわけではない。この地域の生業は農業であるが、田んぼや畑を維持するためには当然肥料が必要となる。その肥料はどこから採ってくるかといえば、ムラに接する堤防からであった。肥料が必要な時期に、地元住民は、一斉に草を

刈る。このとき，草に埋もれた堤防の表面が露になる。その時点でちょっとした亀裂を発見すると，地元住民はすぐに補修にとりかかる。さらに，草を刈って見通しのよくなった堤防は，格好のレクリエーションの場にもなる。一直線なので，走るのには最適だ。かつてはここで，ムラの運動会が催され，綱引きをしたり，徒競走をしたりして盛り上がったのだという。それもすべてひっくるめて「堤防は自分たちのムラのものだ」と，古老は懐かしそうに語っていた。

　この例で注目すべきなのは，(1)堤防の草を刈るという自然への働きかけが，たんに堤防の亀裂を発見するためだけでなく，肥料を採ったり，レクリエーションの場を提供したりといった複数の意味をもっていること，(2)このような身近な自然の管理は，ムラ人総出で行われ，ムラ人"みんな"の生活に役立っていること，(3)堤防の管理は，ムラ人が日常的に行っており，実質的にムラが"もっている"に等しいこと，の3つである。この(1)〜(3)のような性格をもつ土地や自然環境を，環境社会学ひいては環境研究全般では，「コモンズ」(commons)と呼んでいる。コモンズとは，一言でいえば，「みんなの生活に役立つ，共有の財産，資源，土地，サービス」のことである。つまり，先の例でいう堤防は，法的には国家の所有物なのかもしれないが，実質的にはムラ人みんなによる管理＝所有のもとにある，と言ってよい。

　しかしながら，近代的法体系のもとで「公有」（国のもの，地方公共団体のもの）か「私有」（個人のもの）かのどちらかしかないと考える私たちからすれば，"みんなのもの"という感覚がわかりづらい。しかも，それが日々の働きかけという利用や管理にかかわっているので，なおさらむずかしい。そこで，この章では，"みんなのもの"として利用と管理と所有が重なったコモンズのしくみを考えていくことにしよう。なお解説にあたっては典型例として日本のムラを中心に論じる。

2　ムラの土地所有のあり方

共有地としてのコモンズ

　戦後の日本社会は急激な成長を果たし，今では第1次産業・第2次産業よりも第3次産業に従事する人のほうが多いと言われている。しかし，今から約100年前の，1920年（大正9）の第1回国勢調査によれば，日本の総人口は約5596万人で，15歳以上の総就業者約2726万人のうち，農業に就いていた人々は約1394万人とほぼ51％であった。2015年の農業就業者の割合は約3.4％なので，どれだけ農業就業者が多かったのかがわかるだろう。[(1)]

　農家の多くは，田畑をもち，土地を耕した。ムラには，個々人が寝起きする宅地と，個々の家の生業にとって重要な農地がある。農地で米などの作物を生産するのに必要不可欠なものは水と肥料だが，ではそれらをどこから調達するのか。今ならば，灌漑システムの整備により，個々の農家の都合でバルブを捻れば水を入れることができるし，化学肥料が出回っているのでそれを買って投入することができる。だが，かつての農業は，それらを調達するために，身近な自然に大きく依存しなければならなかった。ムラでは，身近な「カワ」（＝川）の流れを利用して農地全体に水を引いたり，身近な「ヤマ」（＝山）の落ち葉や腐葉土を肥料として投入したりした。身近な自然を長年にわたって利用しつづけることで，ムラはそこを自分たちだけの"なわばり"にした。そして，身近なカワやヤマは，ムラ全体の生活にとってなくてはならないものなので，"ムラ人みんなのもの"として共有された。これらカワやヤマなどの自然こそコモンズにあたり，日本では「入会地（いりあいち）」と呼ばれてきた。入会地は，個々の農地に水や肥料を供給するだけでなく，個々の宅地には，建物の材料，燃料，食料などを供給する働きももっている。すなわち，そこはムラ全般の生活資材を供給する重要な場所なのだ。

　ここでいう"ムラ人みんなのもの"とは，「私的」（プライベート）でないのはもちろんのこと，国家や地方公共団体といった「公的」（パブリック）でもな

く，あえていえば，公―私のあいだにある，ローカルな「共的」(コミュナル)領域といわれるものである。このような性格をもつ入会地は，ムラのメンバーならば誰でも利用可能である。ただし，特定の家や個人が「オレはムラのメンバーだから」という理由で，好き勝手に使っていいわけではない。たとえば，もしある家ないし個人がムラのメンバーだという理由からカワの水を自分の田んぼで堰き止めたり，ヤマにある肥料を独り占めしたりしたならば，他のムラのメンバーは農地を維持することができず，たいへん困るだろう。これでは，その家ないし個人の生活は突出して豊かになるかもしれないが，ムラ全体の生活は成り立たない。そんな最悪の事態にならないように，ムラは入会地を共同利用するためのルールを設けて，これを個々の家や個人に守らせるように働きかける。このルールは，人と人のあいだに横たわる"ヨコのルール"とでも言えそうだ。

　ヨコのルールは，主に同じ時代を生きているムラ人どうしに適用されるものであるが，その一方で，同じ時代を生きるのではない子や孫にあたるムラ人，さらには未来のムラ人にも配慮したルールがある。たとえば，もしある時代のムラ人たちが短期的な富や豊かさに目がくらみ，ヤマの木をすべて切り倒したり，カワの魚を稚魚に至るまで獲りつくしたりしたとしよう。そうすると彼らが自然を根絶やしにしてしまったせいで，子や孫の世代さらに未来のムラ人は，生活が成り立たず，たいへん困るだろう。そうならないためにムラは，第1章でみた知床の漁師さんたちのように，稚魚を放流したり，禁漁期間を設けたりといった「ここでとどめておく」ためのルールを設定してきた。こうしたルールは，未来の世代に配慮した"タテのルール"と言えよう。ヨコかタテか，あるいは文字に書かれているのかそうでないのかは別として，これらのルールは，入会地の自然を守ると同時に，地元住民の生活をも守ってきたのだ。

　このように"ルールを守る"と言うと，ムラ人たちは他人を気遣う"生真面目な人々"に見えるかもしれない。そうした面もあるかもしれないが，それだけでは言い尽くせない，ルールに向き合う人々の態度がある。

　私より8歳ほど年上の知り合いから聞いた体験談がある。彼が大学生の頃だ

から，1980年代前半のことである。その頃の大学生のあいだでは，夏休みに北海道一周の貧乏旅行をするのが流行っていて，その彼も，ブームに乗って北海道一周の旅に出たそうだ。今のバックパッカーのように，北海道の沿岸を車かバイクかヒッチハイクかでとにかく一周するのだが，学生だからそんなにお金をもたずに長期の旅をつづけているため旅の途中で資金が底をつく。そうなったら資金稼ぎに途中でアルバイトをみつけながら，旅をつづける。

　旅行中に案の定，金欠になった彼は，とある昆布漁で有名な漁村に立ち寄り，昆布の加工と流通のアルバイトにありついて，ある程度の資金が貯まるまでそこにとどまることにした。ある日の夕暮れ，彼が漁港の岸壁を歩いていると，海に立派な昆布がプカプカと浮いているのに気づいた。しばらくのアルバイトによってその昆布を乾燥・加工すると，都市部の百貨店では1枚1万円ほどの高値で取引されることを知っていた。まるで1万円札がプカプカと浮いているかのようだ。そんな立派な昆布が「誰のものでもなく」「自然に」たくさん浮いているのだ。そこで彼は試みに，棒きれを拾ってきて，浮いている昆布を岸壁に引き寄せようとした。すると，いきなり「コラ！」という怒鳴り声が聞こえた。声の主は，地元の漁師のおじさんだった。おじさん曰く，今はまだ昆布漁の時期ではないので絶対に採ってはならず，昆布を採っていい解禁日が来たら漁港じゅうに響きわたるほどのサイレン音が鳴るので，それが鳴ったら採ってもいいのだ，とのことだった。つまり，漁村にとっての海（＝ウミ）は，カワやヤマと同じく，入会地＝コモンズなのだ。

　ある日ついに解禁日がやってきた。合図のサイレン音がそろそろ鳴るかという時刻になると，漁港の岸壁に地元住民が何食わぬ顔つきでふらっと集まってくる。みんな，まるで昆布の解禁など無関係というような顔をしている。本当に解禁になるのだろうかと私の知り合いは思ったらしい。ところが，突如として「ウーーー」というサイレン音が漁港じゅうに鳴り響いた次の瞬間，それまで何食わぬ顔をして岸壁付近をフラフラと歩いていた地元住民が，作業服姿のまま一斉に海に飛び込み，必死になって我先に昆布を採りまくっていたという。[3]目撃した彼は，それまで知らんふりして他人にフェイントをかけておいて，サ

第3章　暮らしとともにある環境はどのように管理されるのか？

イレンが鳴った瞬間，地元住民が欲望剥き出しになってびっくりしたと感想を漏らしていた。このエピソードからわかるように，コモンズの利用ルールを守るムラ人たちは，みんなで他人を気遣っているというよりも，常にそれぞれの家や個人の利益を背負いながら，みんなで共通のルールにしたがうことで他人と牽制し合っているのだ。

弱者のよりどころ

　どうやらムラには，「私有」となる個々の家の宅地・農地と，ムラ人みんなの「共有」となる入会地＝コモンズの2種類の土地があるようだ。言い換えれば，ムラの領域は，私有と共有からなる。

　これを模式図で示そう。ここではわかりやすさを優先して，3軒の家が寄り集まったムラがあったと仮定しよう。図3-1は，A家，B家，C家それぞれの宅地と農地を合わせた私有の土地と，A〜C家が共有する入会地を，上空から見下ろしたのと，それに対応させた地面を真横から見た模式図である。

　このムラでは，Aの私有地がもっとも大きく，次いでB，Cの順となっている。つまり，私有地の大きさで言うと，A＞B＞Cとなる。私有地が大きいほど，経済的に余裕のある暮らしを送ることができると考えられる。真ん中のBを基準にすれば，Aはその倍ほどの富や財があり，一方のCはその半分以下の富や財しかない。そのような家の格（＝家格）をともなった私有地にくっついて，A，B，Cのみんなが使ってよい共有地としての入会地がある。図3-1で入会地部分が破線になっているのは，特定の家が占拠しているのではないことをあらわす。

　ここで話はやや土地や環境から離れるが，このムラで，A〜Cがともに負担するムラ全体の出費が生じたとしよう。たとえば，このムラでは，秋祭りの御神輿を新調しなければならない時期がきて，その費用をどうするかが「寄り合い」（＝ムラの会議）で話し合われていたとする。こういうとき，通常ムラでは，富裕な家が比較的多く負担し，そうでない家は比較的少なく負担することが多い。このムラで標準的な家格をもつ＝一人前ならぬ「一戸前」の家がB家だと

第Ⅰ部　環境への考え方

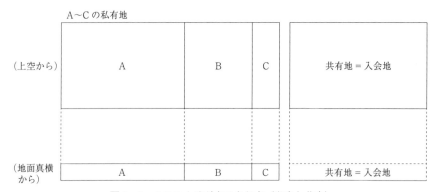

図3-1　ムラの土地所有のあり方（私有と共有）
出所：鳥越（1997：9）の図を簡略化・改変。

すると、たとえば、Bがムラから"1"の出費を求められたなら、Aは"2"の、その反対にCは"0.5"の出費を求められることになる。もしかしたら読者のなかには、みんな平等に負担するならば、AもCも"1"だろう、と考える人がいるかもしれない。だが、ムラの生活の論理からすれば、それこそが"不平等"なのである。多くもっている者はみんなのために多く差し出し、少ししかもっていない者は少なくてよい――これこそ、ムラの生活にとっての"平等"なのである。こういった支出のしかたを、一般には「見立て割」と呼んでいる。たとえば、大学のクラブで試合後に飲み会を開いたとき、顧問の先生と就職したての先輩とアルバイトしている現役学生がいたら、ふつうは顧問の先生がもっとも多く、就職したての先輩がその次に多く支払うだろう。これなどは、見立て割の身近な例だ。もし支払いの段になって、「みんなで割り勘ね」と言われたら、"え、本当に？"となるだろう。

この「多くもっている者からは多く、少ない者からは少なく」を"平等"とするというのは、御神輿の例でいうと、各家ともに同じ1の義務という「手続き」としての平等ではなくて、それぞれの事情をみんなで考慮したうえで、支払った後に各家に残る財を同じに近づける「結果」としての平等という論理である。この論理は、入会地での資源利用にもあてはまる。入会地では、AもBもCも同じだけ資源を利用していいわけではなく、ムラのなかで一番多く利用

していいのは，Cであり，もっとも少なく利用するのはAということになる。私有地の大きさがA＞B＞Cならば，入会地の利用はA＜B＜Cとなるのだ。たとえば，入会地から燃料となる薪を採ってくるとしよう。このときCは，ムラのなかで入会地の利用が最大限認められるので，入会地から自家の燃料を十分賄えるだけでなく，余剰の薪を売って家計をささえることができるのだ。その一方でAは，入会地の資源利用が最小限に抑えられるので，入会地からの薪だけでは家の燃料を賄えないかもしれず，足りない場合にはお金を支払って調達しなければならない。つまり，入会地は，ムラのなかで，貧しい者の生活レベルを上へ押し上げ，富裕なもののそれを抑え込んで，みんな同じくらいの生活レベルに近づける，"平準化"のはたらきがあるのだ。

　貧しい者の生活レベルを押し上げて，何とかムラでBのように一戸前の暮らしができるように，ムラから"脱落者"を出さないようにするのが，ムラとしてはたいへん重要になってくる。というのも，かつてムラでの生活は，生業としての農業を営むにせよ，屋根をふくにせよ，結婚相手を探すにせよ，生活のあらゆる側面において，みんなで力を合わせなければ成り立たなかったからである。もしある家がムラのなかで経済的に苦しくなって脱落していったら，それだけムラ全体の生活に悪い影響がおよぶ恐れがある。これをふまえると，ムラから入会地の利用を最大限認められたCは，他の家々ひいてはムラ全体の生活のために，他家との関係で卑屈になることはなく，むしろ"正々堂々"と入会地を利用すればよい。それは，ムラから認められた当然の権利なのだ。入会地をムラで生活に困っている弱い立場の人々が利用するこのような権利のことを，環境社会学では，「弱者生活権」（鳥越 1997：9）と呼んでいる。

　したがって，困窮したCが入会地を他の家よりもたくさん利用できるのは，何も他の家々からの"お恵み"や"施し"ではない。それは，欧米のキリスト教由来の「チャリティ」（charity）という考え方とは異なる。チャリティの考え方は，助ける側の慈悲，慈愛，慈善，寛容といった「思いやり」のおかげで困っている人が救われるというものだが，これでは救済する人と救済される人のあいだでの上下関係や優劣関係がどうしても生じてしまう。ところが，入会

地に発生する弱者生活権の場合,メンバー間の上下関係や優劣関係を生じさせることなく,ムラで困っている人を助けることができる"しかけ"になっているのだ。

　このような弱者生活権は,私たちの社会がまだ貧しかった頃の,遠い昔にあったものと思われるかもしれない。だが,そうではない。ここで私の母の兄,つまり伯父の話をしたい。この伯父さんは,私の母からすれば「正直すぎて,人が好い」のだそうだが,本当にやさしい人柄で,私は今まで彼が怒ったところを見たことがない。80歳をすぎた今は,孫たちに囲まれておだやかに暮らしている。母の実家は丹波地方の分家（地元では「シンタク＝新宅」と呼ぶ）で,伯父さんは長男として家を継ぎ,中学卒業後から地元の製材所に勤めつつ農業を営むという兼業農家をつづけてきた。私が大学生の頃だから,1990年代初頭のことだ。その人の好さが災いしてか,伯父さんは突如として製材所での職を失ってしまった。その当時,伯父さんは50歳代で,年金受給まであと数年は働かなければならなかった。そんな困っているときに,ムラの人たちがどこからともなく伯父さんの家までやってきて,「ヤマイキに行こう」と誘ってきたという。

　「ヤマイキ」とは,いわゆる山仕事のことで,このムラがもっているヤマの手入れをさしている。具体的には,ヤマの木の枝の剪定がメインの仕事で,枝を剪定することで木の幹は太くなり,黒い節のない立派な木が育つという。ムラは,そうやって育てた木を住宅用の柱として売って公民館の建設費用にするなど,ムラの財源にしてきた。その一方,切り落とされた枝は,腐ってヤマの土を肥やすと同時に,薪として各家の燃料にしたり,よそに売ってムラの財源にしたりしてきたのだった。

　職を失った伯父さんは時間をもてあましていたので喜んでこのヤマイキの誘いにのって,弁当をもって気に合う仲間とともに山仕事をこなした。すると,ムラの会計から日当（当時で8000円から1万円程度）が支払われて,しばらくはこのヤマイキが伯父一家の家計をささえていた。(4)現代では,ムラの人々でさえ,ヤマの自然資源への関心を失ってしまったのだが,それでも自分たちのヤマを

管理しなければならないため,本来はムラ人みんなで協力しなければならない山仕事はいつの時代もある。そのような山仕事を,ムラは伯父さんのような弱者に"さりげなく"回し,伯父さんも"正々堂々"とムラのために働いた。つまり,現代でも,入会地はそのときどきの弱者の生活をささえる場所になっているのだ。

3 総有としてのムラの領域

オレのものはオレ達のもの

　その後,伯父さんの生活は安定し,年をとったせいもあり,いつのまにか彼がヤマイキしているという話は聞かなくなった。だが,入会地での最大限の資源利用を許された弱者(=図3-1でいうC)が未だに生活に困窮していたならば,ムラはずっとその人に入会地への私的な「働きかけ」を許容しつづける。そうすると,他のムラ人がその土地を利用するとき,そこに働きかけつづけるCに一声かけ,承認をえる必要がでてくるようになる。すなわち,本来はムラ人みんなの共有地なのだが,実質的に何となく,そこに働きかけつづけた人のもののようになっていくのだ。藤村美穂は,このことを「『私』有度の濃淡」(藤村 1996：78)と表現している。つまり,ある特定のムラ人による共有地としての入会地への働きかけが多ければ「私」有度は濃くなり,反対に働きかけが少なくなれば「私」有度は薄くなるのだ。言い換えれば,私たちは,私的所有権とは"ある"か"ない"か,"1"か"0"かのどちらかと考えているが,ムラでは,"ある"と"ない"とのあいだにグラデーションがあるのだ。

　ということは,入会地への働きかけを許された弱者が,何らかの理由で働きかけをやめてしまったならば,当然働きかけの度合いは減るので,入会地はもとのように「共」有に戻っていく。とくに,そのような弱者が入会地のおかげで,ムラのなかで経済的に一戸前になって生活が安定したならば,ムラは当初許していたほどには私的な働きかけを容認しなくなるだろう。そうすると入会地は,その人による「私」有から,もとのように「共」有に返っていくのであ

る。

　このように，ムラの土地所有を，ある個人の働きかけの度合いにもとづく私有と共有のグラデーションと考えば，もしかしたら，図3-1でいうA〜Cの私有地である宅地や農地も，実はある家や個人の働きかけの度合いに応じて私有度が増すという論理に貫かれているのではないだろうか。この問いかけに対して，多くの農村社会学者は，「その通り」と答えるだろう。たとえば，前出の藤村は，「私」有度がもっとも大きいと考えられる宅地や耕地でさえ，「特定の者が住む，あるいは畑として耕すなどの働きかけをしなくなったら，『みんなのもの』に戻る」（藤村 2001：42）と述べている。したがって，「持ち主がむらから出ていってもう利用する見込みのないところは，集落の者たちが勝手に使ってもしかたがない」（藤村 2001：42）のである。つまり，私有地である宅地や耕地も，ある特定のムラ人が昔から働きかけつづけているからこそ，今はたまたまその人のものになっているだけであって，転居などして働きかけがなくなったら，やがてムラのものに返っていくのだ。

　藤村によれば，「私有地の売買はどこでどのように行っても自由である。にもかかわらず，日本のむらでは，屋敷や耕地のような私有地でさえ，むらの内部を中心に売買がおこなわれたり，売るときには『むらに挨拶』（相談）する必要があると考えられたりしているところが多い」（藤村 2001：39-40）という。つまり，ムラにとって入会地のような共有地は「オレ達のものはオレ達のもの」なのだが，たとえ私有地であっても「オレのものはオレ達のもの」なのである（鳥越 1997：7-9）。そうすると，先に私はムラの領域は，私有と共有の2種類からなると述べたが，それは間違いであって，ムラの人々の意識のレベルでは，入会地であっても，私有地であっても，ムラのすべての領域は，ムラからの規制がかかった，“ムラ人みんなのもの”なのだ。このようなムラの土地所有のあり方を，農村社会学者は，「総有」と呼んでいる。このことを図3-1に付け足すと，図3-2のようになる。

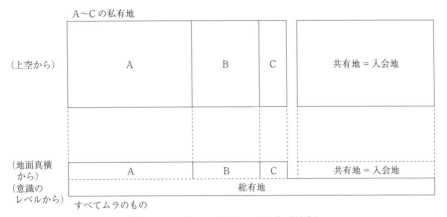

図 3-2 ムラの土地所有のあり方（総有）
出所：鳥越（1997：9）の図を簡略化・改変。

コモンズの近代

　このように，入会地は，ムラで困っている弱者を救済するセーフティネットの役割を果たしてきた。ところが，日本の入会地は，明治に入って受難の時期を迎える。

　明治期といえば，日本が急速な近代化政策を推し進めた時代である。そもそもどうして当時の日本は急激な近代化，西欧化を果たさなければならなかったのか。江戸末期からの西欧列強による度重なる開国要求＝植民地化の恐れに対抗するために，できるだけ早く西欧流の"強い"近代国家を樹立しなければならなかったからである。強い近代国家とは，それまでバラバラだった幕藩制を解体して，ひとつの大きな政府をつくり，ひとつの首都を中心に，日本列島に住む人民を一律に「国民」として統治する「中央集権国家」をさしている。「富国強兵」「殖産興業」という国家的なスローガンのもとに，経済，政治，法律，軍事，教育，学問，科学技術などのあらゆる西欧近代の文物や制度が雪崩のごとく日本に輸入された。このとき，近代国家の礎を築くために，1873年（明治6），「地租改正」によって新たな土地制度改革がなされた。それまでの農家は，その年の収穫高を基準に，そのうちの一定比率を年貢として領主に作

物で納めてきた。しかし，新制度の導入によって，農家は，耕している土地の価格の3％（のちに2.5％に改正）をお金で納めなければならなくなった。そうすると国家としては，その年の作物の出来不出来に左右されることなく，毎年一定額の税収が見込めるので，軍隊の増強や学校の拡充といった近代国家の建設を計画的に実行することができる。そこで明治政府は，課税のために，すべての土地に対して「これは誰のものなのか」を確定するよう農家に強く求めたのだ。

　これまで述べてきたように，ムラに暮らす人々からすれば，基本的にすべての土地は"ムラのもの"だった。新制度のもとで，それまで家を単位に住んだり，耕したりしてきた私有地は，「私のもの」ということですんなり登記することができた。ただ，やっかいなのは，共有となっている入会地であった。その土地は，ムラの人々からみれば，"ムラ人みんなのもの"としか言いようがないのである。だが，地租改正の背後に控える近代法の体系では，基本的に土地は誰かのものなので，"みんなの土地"というのは特定の所有者のものではないとみなされる。そうなれば，その土地は国家に没収されてしまい，ムラの生活は立ち行かなくなる。そこで，各ムラは，表向きは，入会地に特定の個人の名前を張り付けたり，共有をあらため分割所有にして個々のムラ人に割り振ったりしたが，その裏では実質的にこれまでと変わりなく"みんな"で利用・管理・所有できるものとして入会地を守ったのだ。私の伯父さんのムラは，そうやって今も「ムラのヤマ」をもっているのだ。

　ところが，そのような対応ができなかったムラでは，「この土地には所有者がいない」とみなされ，国家によって大切な入会地を没収され，そこは「国有地」にされてしまった。そうなると，ムラのなかで真っ先に犠牲になるのは，一番入会地に頼っていた弱者であった。彼らはムラで生活ができず，ムラから脱落していく。そのような人々を労働力として吸い上げたのは，都市だった。つまり，ムラで生活ができなくなった者たちは，都市へ出て，工場などで賃金労働者にならざるをえなかった。この頃，ちょうど都市では，大量の工場労働者が必要だったので，ムラを後にしてきた人々はまさしく好都合な存在だった。

そのようにムラを離れざるをえず，新たな労働に耐え，何とか都市で暮らしを立てることができる人々もいただろう。しかし，なかには慣れない仕事についていけず，新たな労働からも脱落する人々がでてくる。ムラからも都市からも弾かれた人々の行き着く先は，スラムである。彼らは集住してスラムを形成した。スラムの不衛生な生活環境は，コレラやチフスなどの伝染病の温床となる。明治初頭には，そうした伝染病はときに都市で大流行し，国家や行政を悩ませる都市問題にまで発展した。ここに至って，ようやく国家や行政は重い腰を上げ，「社会事業」と称して，貧民救済に乗り出すのである。だが，そもそも国家は，一方の手で入会地を取り上げて貧民を生んでおきながら，伝染病が都市問題にまで発展するやいなや，もう一方の手で貧民救済策を施すというのは，「実にばかげたこと」(鳥越 1997：10) ではあるまいか。[5]

　国家がムラの生活にとって重要な共有地を奪っておいて，ムラで生活できない人々を都市へ，さらにはスラムへと追い立てるのは，何も日本だけに限ったことではない。その先例になるのは，イギリスである。イギリスでは，18世紀半ばから19世紀初めまでのあいだ，農村の大地主は，戦争で価格が高騰する食料の増産を名目に，農村のコモンズを，石垣，生垣，土手などをつくって半ば強制的に囲い込み，自分たちの私有地とした。このやり方に法的なお墨付きを与えたのは，国家であった。このような理不尽な事態は「囲い込み」(エンクロージャー) と呼ばれる。囲い込みによって多くの農民が都市へ追いやられて工場労働者とならざるをえなかったことは，イギリスが産業革命を成し遂げた要因のひとつである。だが，その裏側で，悪臭立ちこめ，不衛生極まりないスラムがロンドンなどの都市には必ず存在し，産業化から脱落した多くの貧民は，そのような不健康で劣悪な環境に追い立てられたのである。

　明治期の官僚たちは，まるで100年ほど前のイギリスの囲い込みをお手本にしたかのようではあるまいか。世界史的に見ても，コモンズは近代化という大義名分のもとに受難を強いられてきたのだ。

4　暮らしとともにある自然は誰のものなのか

　地租改正や囲い込みのように，近代初期にコモンズの私的所有化の波が押し寄せたとしても，地元住民は，何とかコモンズを共有のまま維持しようと努めてきた。本章でみた私の伯父さんの「ムラのヤマ」がそうであった。ムラは，ヤマの手入れをすることで，自分たちの生活を成り立たせてきたばかりか，生活に不安をかかえたムラの人々のセーフティネットとして現代でも機能してきたのだ。

　いったい，暮らしとともにある身近な自然は，誰のものなのだろうか。本書で確認したいのは，身近な自然は，近代法のもとで土地登記をした所有者よりも，昔から何世代にもわたって生活のためにそこに働きかけつづけてきた者のものだ，ということである。このときの働きかけは，いったん所有すれば私有地には何をしてもよいといった無規制なものではなく，法のような上からの枠づけがなくとも，働きかけの裏には常にみんなの生活を意識したルールがある。そのような働きかけは，ただたんに自然を利用するだけでなく，同時に自然を管理する側面をもち，さらには働きかけつづける者の承認が必要となる意味での実質的な所有に至るのである。つまり，働きかけることで，利用＝管理＝所有という等式が成り立つのだ。

　このような事実が認められるのならば，冒頭にも述べた「環境問題や環境保全にとってたいへん画期的なこと」とはどういうことなのか。たとえば身近な自然であるコモンズに大規模開発の波が押し寄せたとき，開発側は法的には自分たちの都合で開発に踏み切ってもよいものだが，地元住民に対して事前に開発事業の相談をもちかけ，彼らからの納得を得なければならないと考える。このとき，開発側と住民側の二者，あるいは身近な市町村も加わって三者のあいだで，自然が守られる可能性がある。すなわち，コモンズの日常的な利用＝管理＝所有は，それら一連の行為を実践している人々に，外部の開発主体に対抗するための大きな力をもたらすのである。環境社会学がコモンズに注目する理

由は，ここにある。

　ところが現在，コモンズをめぐっては新たな問題が起こっている。それは，戦後の高度経済成長期を経たうえで，日本社会の産業のしくみやエネルギー供給の転換が起こり，人々が身近な自然資源に関心を示さなくなって，コモンズへの手入れが行き届かなくなったことだ。たとえば，私の伯父さんの暮らすムラは，かつては剪定されたヤマの木の枝でお風呂を沸かしていたのだが，それにとって代わったのはプロパンガスである。また，ムラで立派に育てた木も，外国産の安い木材が出回ることで，売れなくなってしまった。若い世代のほとんどは会社勤めなので，自家の農地やムラのヤマの手入れは，週末に限られる。そうなると，ヤマをはじめとしたコモンズへの手入れが億劫になる。ヤマイキに出るムラ人はなかなか見つからず，ヤマは草木に覆われ，"荒れた"状態になる。コモンズの利用がなされなくなると，同時に管理もなされなくなり，やがては，「ここは自分たちのものだ」という所有意識も希薄になる。もしかしたら今のムラ人は外部からいい条件で売ってくれともちかけられたら，「えい，もう売っちまえ！」となるかもしれない。

　実際，伯父さんの暮らすムラの寄り合い（ここでは「常会」と呼ぶ）では，若い世代の一部を中心に，「もうヤマイキがしんどいので，そのまま放っておけ」という声が徐々に大きくなってきたという。私の伯父さんをはじめ年寄り衆は，若い頃に上の世代から「田んぼとヤマは，いつも足跡を付けなあかんのじゃ」と言われたことに触れ，しんどくてもヤマイキすることがいつかはムラのためになると主張しつづけているが，常会などでヤマイキが話題になると，「若い衆が横を向く」のだという。

　悩ましい問題である。かつてはムラがヤマを強く求めていたので，たとえ国家によって登記が求められても，ムラはヤマに固執した。ところが今は，ムラが自発的にヤマから距離をとろうとするのである。伯父さんのようなすでに引退した年寄り衆から，いつかはムラのためになるからといわれても，実際にヤマイキしなければならない現役の若い世代からすれば，日々の忙しさのなかで，その発言は義務の押しつけにしか聞こえないのだろう。もしここで「自然への

かつて　　　　　　　　　　　現在
図 3-3 かつてと現在の所有認識
注：実線の○＝ムラ人の境界。破線の小さな○＝年長者。実線の→＝積極的な働きかけ。破線の→＝消極的な働きかけ。灰色＝積極的にムラのものという認識。白色＝消極的にムラのものである，あるいはムラのものではないという認識。
出所：筆者作成

働きかけ」の大切さを主張する私が，この若い世代の働きかけのなさを嘆いたとしたら，「働きかけないということを，……由々しき事態，自然の放棄として捉えてきたことに潜む暴力性をも露わにする」（中川 2008：96）との批判を受けるにちがいない。

では，このような問題に，働きかけを重視する本書の立場からいったい何が言えるのだろうか。そこで，三重県熊野灘のムラと浜のつきあいを調査してきた中川千草の議論が参考になる。中川が調査したムラは，かつて生業としての漁業を通じて積極的に浜とかかわってきたという。ところが現在では，かつてのような漁業の活況は期待できず，過疎化のなかで浜は閑散とし，年に1度のハマソウジ（＝浜掃除）以外は放ったらかしの，働きかけのない状態になったという。だが，中川は，このムラが浜を完全に放棄したととらえるのは間違いだと主張する。というのも，ムラの人々は，浜に対して，ただかつてを思い出したり，何もしないでじっと見守ったりするという消極的な"働きかけ"を行っているからである（中川 2008）。つまり，実際には物理的に自然を改変しない"放ったらかし"も，立派な「守り」という働きかけなのだ。

ということは，常会で年長者が「田んぼとヤマは，いつも足跡を付けなあかんのじゃ」と教えられた経験を語ることも，立派な自然への働きかけではない

だろうか。そもそも，自然の「所有とは，ある人と自然との関係を周囲の人々が認めることによってはじめて成り立つ社会現象である」（藤村 1996：71）のならば，伯父さんは，常会でヤマとムラの関係の過去を語ることで，"動かない"若い世代に対して，「これはわれわれのヤマだ」ということをあらためて認識させようしているのではないか（図3-3）。

つまり，本書のいう地元住民の「働きかけ」論からすれば，これまで先祖代々が，子・孫・末代までの生活の安定を願って死守してきたコモンズの歴史を保持しつづけることが，自然への最低限かつ重要な働きかけになるのだ。そのような働きかけが，ゆくゆくは若い世代を突き動かして，やがては積極的な働きかけとなってコモンズが活かされ，ムラを救うときがくるかもしれない。

それが，中学を出てからヤマで働き，中年になってヤマに救われた伯父さんが今できる，精いっぱいのヤマへの働きかけなのだ。

 読書案内

井上真・宮内泰介編，2001，『シリーズ環境社会学2　コモンズの社会学――森・川・海の資源共同管理を考える』新曜社。
　日本と熱帯地域のフィールドを事例にして，コモンズの利用と保全のしくみを明らかにしたうえで，地元住民が主体となる現代的なコモンズの再興について考えている。コモンズを研究するうえで欠かすことのできない重要文献である。

鳥越皓之・嘉田由紀子・陣内秀信・沖大幹編，2006，『里川の可能性――利水・治水・守水を共有する』新曜社。
　「里山」という言葉にはなじみがあるが，コモンズとして川をとらえた場合，なるほど「里川」という発想が可能となる。第一線で活躍する研究者や実践家による，論考あり，対談あり，文献紹介ありとユニークかつバラエティに富んだ内容で，読んでいて飽きない。

日本村落研究学会・池上甲一編，2007，『むらの資源を研究する――フィールドからの発想』農山漁村文化協会。
　コモンズからムラへ興味をもった読者に薦めたい一冊である。日本の社会科学を牽引してきた「日本村落研究学会」（村研）が総力を挙げただけあって，これまでの村落研究の分厚い蓄積をコンパクトに知ることができる。「ムラにとって資

源とは何か」という原理論から現代的課題までを網羅している。

注
(1) 1920年の国勢調査については，総務省統計局（2014a；2014b）を，2015年の国勢調査については，総務省統計局（2017）を参考にした。なお，2015年の15歳以上の総就業者数は約5889万人に対して，農業就業者は約200万人であった。
(2) このことは，いわゆる「コモンズの悲劇」（Hardin 1968）と呼ばれるものに通じている。それは，共有地はメンバーなら誰でも使ってもよいとなると，必ず自分の利益だけを考えて他のメンバーへの迷惑を顧みず，資源をできるだけ多く取ってやろうとする者が続出し，やがてコモンズは崩壊するという考え方である。
(3) 北海道・えりも町で行われる昆布漁でも，船はすぐに漁場に向かわずに，港に立てられた旗竿に白旗が揚げられるまで，漁師は港に待機して漁をしてはならない。この合図を指示する人物が「旗持ち」と呼ばれる。詳しくは，飯田（2002）を参照のこと。
(4) この話からさらにさかのぼること約30年，日本の高度経済成長期の入り口にあたる1960年に，母の実家があるこのムラは，偶然にも京都大学文学部社会学研究室による農村調査を受けている。ヤマイキの話ではないが，ムラの共同作業について「当部落でもこれらの村仕事に出役しないときは，不参金三五〇円を徴収する。……しかし極貧と一般に認められている者が，事情によって出役できない場合は黙認されている」（平田 1965：99）とある。ここでいう「事情」とは，ムラ仕事の日にもっとお金になる「村外へ働きに出」（平田 1965：100）ることが重なれば，「極貧」と認められている者がそちらに出ることをムラは黙認するというものである。ここにも，別のかたちで，ムラが生活に困った人々の事情を汲んできた歴史を見ることができる。
(5) 入会地没収をめぐる国家政策の矛盾については，鳥越（1997：10）を参照した。

文献
藤村美穂，1996，「社会関係からみた自然観――湖北農村における所有の分析を通じて」日本村落研究学会・嘉田由紀子編『年報 村落社会研究32 川・池・湖 自然の再生 21世紀への視点』農山漁村文化協会，69-95。
藤村美穂，2001，「『みんなのもの』とは何か――むらの土地と人」井上真・宮内泰介編『シリーズ環境社会学2 コモンズの社会学――森・川・海の資源共同管理を考える』新曜社，32-54。
Hardin, Garrett, 1968, The Tragedy of the Commons, *Science*, 162: 1243-1248.

平田順治，1965，「村落における生活の共同の諸相──村寄合・村仕事・共有財と共同施設をめぐって」『ソシオロジ』12(3)：82-111。

飯田卓，2002，「旗持ちとコンブ漁師──北の海の資源をめぐる制度と規範」松井健編『講座・生態人類学6　核としての周辺』京都大学学術出版会，7-38。

中川千草，2008，「浜を『モリ（守り)』する」山泰幸・川田牧人・古川彰編『環境民俗学──新しいフィールド学へ』昭和堂，80-99。

総務省統計局，2014a，「大正9年国勢調査 面積及人口──地方別」『e-Stat 政府統計の総合窓口 統計で見る日本』独立行政法人統計センター（https://www.e-stat.go.jp/stat-search/files?page=1&layout=datalist&toukei=00200521&tstat=000001036875&cycle=0&tclass1=000001036876&second=1&second2=1）。

総務省統計局，2014b，「【参考】産業（旧大分類），男女別15歳以上就業者数──全国（大正9年～平成12年）」『e-Stat 政府統計の総合窓口 統計で見る日本』独立行政法人統計センター（http://www.e-stat.go.jp/stat-search/files?page=1&layout=datalist&toukei=00200521&tstat=000001011777&cycle=0&tclass1=000001011807）。

総務省統計局，2017，「第6表 産業（小分類），従業上の地位（7区分），男女別15歳以上就業者数──全国（昭和60年～平成27年）」『e-Stat 政府統計の総合窓口 統計で見る日本』独立行政法人統計センター（http://www.e-stat.go.jp/stat-search/files?page=1&layout=datalist&toukei=00200521&tstat=000001011777&cycle=0&tclass1=000001011807）。

鳥越皓之，1997，「コモンズの利用権を享受する者」『環境社会学研究』3：5-14。

第4章 嫌がられる環境を誰が受け入れるのか？

平井勇介

POINTS

(1) 私たちが日常生活を送るためには，発電所やゴミ処理場，火葬場などの施設が不可欠である。しかしながら，それらの施設が身近にあるのは嫌だと感じる人は多い。私たちの日常生活は，嫌がられる環境を誰かが受け入れていることで成り立っている側面がある。

(2) 誰が嫌がられる環境を受け入れるのか，という問題の難しさは，NIMBY (Not-In-My-Back-Yard) という考え方で端的に示される。NIMBYとは，「社会的に必要な施設だが自分の裏庭にあるのは嫌だ」という考えである。こうした考えをみんながもつことで，どこに迷惑施設を建てるのか，誰が受け入れるのかという問題が生じている。

(3) 嫌がられる環境を誰が受け入れるのか，という問題への対応として，施設建設側（企業や行政）と受け入れ地域住民とのあいだで平等で公平な話し合いの場を設け，地元の了解を得ることが原則となってきている。しかし，そうした話し合いの場を設定できたとしても，地元の納得を得られるかどうかは疑わしい。

(4) 嫌がられる環境を受け入れる人々からすれば，「なぜ私たちだけが受け入れなければならないのか？」という理不尽さがともなう。その理不尽さを払拭するには，それぞれの地域社会の経験と結びつけて納得することこそが重要となってくる。事例を示しつつ，個人レベルでは原理的に解決が不可能なNIBMY問題を考えるにあたって，地域コミュニティの平等を維持しようとする社会的なちからによって「嫌がられる環境」を前向きに受け入れる可能性を検討する。

KEY WORDS

迷惑施設問題，NIMBY，地域コミュニティの平等

第Ⅰ部　環境への考え方

1　迷惑施設問題の特徴

現代生活と嫌がられる環境

　私たちは日常生活のなかで，電気を使うしゴミを出す。いずれは火葬場にもお世話にならなければならない。こうした現代的な生活をおくるためには，発電所やゴミ処理場，火葬場などの施設が必要である。しかし，私たちがこうした生活をおくる一方で，これらの施設の近隣地域の人々は頭を悩ませることになる。たとえば，発電所やゴミ処理場が近くにあることで，生活環境が悪化するかもしれないという不安をもつ人がいるし，火葬場であれば地域の景観に不適切だと感じる人もでてくるであろう。このように，私たちが現代社会において"ふつう"の生活を営むことは，誰かに「嫌がられる環境」をつくりだす，あるいは誰かの我慢のうえに成り立っている側面がある。

　そのように考えるならば，発電所やゴミ処理場はどこにつくるのか，誰が「嫌がられる環境」のもとで生活することを我慢しなければならないのか，という問題は，現代生活を営むすべての人々が考えなくてはならない社会問題であるといえる。この社会問題はしばしば迷惑施設問題と呼ばれ，環境社会学やその隣接分野でも研究されてきた。それらを参考に誰が嫌がられる環境を受け入れるのかというテーマについて考えていこう。

迷惑施設の社会的必要性と加害性

　誰が嫌がられる環境を受け入れるのか，というテーマに原理的な解決はないといわれている。その大きな理由は，迷惑施設には社会的必要性と加害性の2つの特徴が備わっているためである。迷惑施設の社会的必要性とは，多くの人々が生活上その施設を必要不可欠と感じていることを意味している。加害性とは，その施設が近隣の人たちに何らかの害をおよぼすことを意味している。迷惑施設がこれらの特徴をもっているために，加害性はあっても社会的必要性のためにどこかに施設を建設する，という判断が下されているのである。

また，この問題の厄介なところは，被害者である迷惑施設の近隣住民に対して，多くの人たちは加害者意識をもちにくいことである。自分たちは"ふつう"の生活を営んでいるだけであり，特段の贅沢をしているわけでもない。そうした"ふつう"の生活を支えている迷惑施設の近隣には不安を抱えている人々がいることに，私たちはさほど意識を払わない場合が多いのではなかろうか。特定の人たちに被害が集中する一方，多くの人たちが施設の存在によって生活上の利益を少しずつ（日常生活を営めるという程度に）得ているという状況が，私たちに加害者意識をもちにくくさせている一因と思われる。

これまで迷惑施設を受け入れる地域では住民の反対運動がしばしば生じてきた。そうした運動は「住民エゴ」として処理される傾向が強かったといえる。つまり，迷惑施設の社会的必要性にもかかわらず，立地候補地の近隣の住民たちは自分たちの被害だけを主張していると批判されてきたのだ。こうした住民の態度は，NIMBY（Not-In-My-Back-Yard）症候群と呼ばれる。「社会的に必要な施設だが自分の裏庭にあるのは嫌だ」というNIMBYの態度は，はたして「住民エゴ」と評価してよいものであろうか。

利権との戦い――迷惑施設に対する反対運動

住民のNIMBYを，少なくとも環境社会学やその近接領域の研究者が利己的だと非難することは少ない。NIMBYを「住民エゴ」として切り捨てれば迷惑施設の建設はすすむが，当該地域の住民は自分たちが施設を受け入れることに到底納得できないまま，日常の生活をつづけなくてはならなくなる。本当にその迷惑施設は必要なのか，なぜ私がみんなのために負担を受け入れなければならないのか。こうした問いをもちつづけながら生活していくのは辛いことであろう。また，NIMBYの声を無視すれば，現代社会の矛盾を見逃してしまうことにもなる。私たちの生活にはどこか無理があり，迷惑施設問題のような局面で社会の矛盾が露わになる。だからこそ，NIMBYの声に向き合い，応答するなかで，現代社会の矛盾を少しでも解消しようと考えるのである。

ところで，迷惑施設への反対運動をつづけるのはどれほどたいへんなことな

のだろうか。迷惑施設に対する反対運動は「利権の構造」(清水 1999：90) との戦いでもある。たとえば，産業廃棄物処理場の建設費についてのある設計コンサルタントの言葉を挙げてみよう[1]。この言葉から，産廃業者がある土地に迷惑施設を計画すると，その産廃業者の利益がどれほどのものになるのかが推察できよう。

　　地域性によるが，管理型で一立方メートル当たり一万円の処分代が取れるとしたら，百万立方メートルで百億円になる。土地代から工事費から入れて十億円で上げてやるように指導してやるんだ。だいたいこれで収まる。これが相場。だから九十億円の儲け。こんなに儲かる仕事はない。(朝日新聞名古屋社会部 1997：141)

　清水修二はこの言葉を受けて次のように述べている。「十億と百億——費用と価格にこれほど極端な差があるとすると，価格が費用をもとに経済合理的に決まっているとはとても考えられない。……市場原理からはとうてい説明できないような高収益の裏に想定されるのは，一種の『力』の存在である。それは暴力である場合もあれば政治力である場合もあろうが，いずれにせよそこに透けて見えるのは『利権の構造』である。廃棄物問題にとかく胡散臭さやスキャンダルや脅迫，暴力沙汰のつきまとうことが多いのは偶然ではない」(清水 1999：89-90)。これらの指摘は1990年代の話であり，いまから20年以上前の話になるので，産廃処分場の「利権の構造」は変化しているところはあろうが，少なくとも当時の迷惑施設への反対運動はこのような「利権の構造」との戦いであったといえる。そのなかで反対運動を維持するのは並大抵のことではなかったと想像できる。こうした反対運動を取り巻く状況を少しでも理解しておかなければ，NIMBYという態度の重みはまったくわからないであろう。

2　NIMBY によって示された課題

　迷惑施設建設に対する住民の反対運動によって表面化された社会の矛盾とは何であろう。言い換えれば、「嫌がられる環境」を誰かが受け入れているという実態を目の当たりにすることで、私たちは何を問題視してきたのであろうか。本節では、よく指摘される以下の3点について説明したい。1点目は、迷惑施設は都市よりも圧倒的に地方に偏って立地しているという点。2点目は、消費を優先するライフスタイル。3点目は、迷惑施設の立地場所の決め方についてである。

　それぞれの点において、私たちの社会は改善を試みてきた。しかしながら、とくに3点目の改善がすすむことで、「嫌がられる環境を誰が受け入れるのか？」という問いが顕わになってきたといえる。まずは上記の3点について、それぞれみていくことにしよう。

迷惑施設の地方への偏り

　人の活動によって生じた自然環境や社会環境へのダメージを環境負荷という。さまざまな環境負荷は、科学技術の進歩によって移動させられるようになっている。たとえば、日本各地の原子力発電所で生じる放射性廃棄物は、濃縮・再利用のプロセスを経て、青森県六ヶ所村と茨城県東海村の2ヶ所へ中間貯蔵される。このように迷惑施設と呼ばれるもののいくつかは、地方へと環境負荷を集中させて処理する施設とみることができる。実際、迷惑施設は、都市に比べて地方に集中しているのが実情である。

　この根本的な理由は、社会的にリスクを少なくするためである[2]。科学技術によって迷惑施設の被害を最小限に抑えられたとしても、事故があったときに生じる危険性までなくせるわけではない。そうした危険性がある以上、都市部の人口密集地域のなかに迷惑施設を建てるよりは、人口が少ない地方の地域に建てる方がリスクを少なくできるという判断がなされる。この判断が積み重なり、

地方に迷惑施設が集中することになっているのである(3)。

この現状を考えると，迷惑施設に対する住民の反対運動はいわば地方から都市への訴えと考えることができよう。藤川賢は，香川県豊島における無害廃棄物施設への不法投棄問題などに対する住民運動のリーダーに，なぜここまで団結することができたのかと質問したところ，次の言葉がかえってきたという。

> （都会の人々は）幸せなんじゃわ，だから，（そういう団結が）できんのや。われわれみたいな不幸せはできるのよと，腹ではそう思ってる〔1997年7月22日〕。（藤川 2001：250（ ）〔 〕は原文ママ）

これは都市住民に対する痛烈な皮肉に聞こえる。しかし，調査をした藤川は，豊島の反対運動は都市への直接的な批判などではなく，「求められるのは運動への理解や支援，廃棄物問題への関心，そして，社会を変えていくことへの協力である」という（藤川 2001：253）。産業廃棄物問題に苦しんできた豊島住民が出した「豊島宣言」(1996年)には，「過密から過疎へと一方通行の廃棄物は，全国の過疎地で，歴史を越え次の世代への巨大な負の遺産になろうとしています。……この事実は地域を越え時間を超えた差別に他なりません」（藤川 2001：253）と謳われている。たんなる都市住民への批判をこえて，地方の差別を容認する社会のあり方を批判する，という豊島の人々の見識は，迷惑施設を地方が受け入れつづけてきた都市と地方の関係について，私たちに再考を迫るものといえよう。

この問題はむずかしく，根本的な解決策はみいだせていないのが現状である。ゴミ問題であれば，自区内処理の原則のように，自分たちの地区で生じたゴミは自分たちの地区で処理をするという原則が設定され，一定の歯止めはかかったものの，迷惑施設の地方への偏りをどう考え，どういった場所が迷惑施設の「適正」地と考えられるのか，という根本的な課題は残されたままである。

消費を優先するライフスタイル

　迷惑施設への反対運動は，私たちのライフスタイルや社会システムに反省を促す側面ももった。日本のゴミ問題は，1970年前後と1990年前後に大きなピークがあったが，そのときの住民運動を契機に，企業や行政，住民たちはゴミ問題に対する姿勢を変化させてきたといえる。たとえば，企業や行政は，各地の住民運動などから処分場新設のむずかしさを感じとり，ダイオキシン類の規制や各種のリサイクル法の整備を行ってきた。とくに2000年に公布された循環型社会形成推進基本法では，ゴミの「適正処分」よりも3つのR（リデュース Reduce ゴミの減量，リユース Reuse 再利用，リサイクル Recycle 再生利用）を優先させた考え方が示されている。こうした企業や行政の意識の変化の他，個人個人のライフスタイルを変えることによってゴミを少なくするような，住民の動きも生じてきている。

　ライフスタイルに対する意識の変化はとても重要であり，その効果は決して無視できるものではない。しかし，それだけでは実効性がそれほど期待できないのではないかという指摘もある。なぜなら，ライフスタイルというのは行政のかけ声や個人の決意だけではなかなか変えることがむずかしいためである。たとえば，私たちがゴミを出さないライフスタイルを心がけようと決意しても，ゴミとなる容器の材質まではふつう私たちには選ぶことができない。スーパーで量り売りされているものだけを購入しようと努力すれば，生活上かなり不便をきたすことが想像できる。このように，私たちはスーパーで自由に買い物をしているようにみえて，実は社会が用意している選択肢からものごとを選んでいることが多いのである。すなわち，多くの人のライフスタイルを変えるには，社会システムの変革というより大きな課題に取り組む必要がでてくるのである。

　以上のように迷惑施設に対する反対運動は，消費を優先するライフスタイルへの反省を促してきた。だが，それは消費型の社会システムの変革という大きな課題をも私たちに訴えている側面があるといえよう。

迷惑施設の立地場所の決め方

　NIMBY が示してきた 3 点目の課題は，迷惑施設立地場所の決め方についてである。迷惑施設をどこに建てるのかを決めるためのプロセスは，これまで地域住民にとってはあまりに不透明なものであった。たとえば，建設候補地が 1 つに絞られた段階でようやく住民説明会がひらかれたり，当該施設にかかわる情報がなかなか住民へ公開されなかったり，計画段階で住民が参加できなかったりと，さまざまな問題が指摘されてきた。それは，迷惑施設のリスクのために住民は反対するのではなく，立地場所の決め方の不透明さが原因で反対をしていると指摘もされるほどだ（たとえば，寄本編 1983，田口 2000）。

　こうした立地場所の決め方の不透明さは，近年ようやく改善されてきたといえる。行政や企業が立地場所の決定までを主導するトップダウン型から，地域住民との話し合いの場を設け，事業者側との意見の差を狭めていくことに重点が置かれるようになった。近年のこうした傾向は迷惑施設に対する住民の長い反対運動の成果といえるものであろう。

　以上の 3 点が，しばしば指摘される，住民の反対運動によって表面化された社会の問題点である。それぞれの点で議論や改善の動きがみられるが，とくに 3 点目の迷惑施設立地場所の決め方を改善した結果，「嫌がられる環境を誰が受け入れるのか？」という問題がいっそう顕在化してきた。次節以降では，このテーマを掘り下げていこう。

3　話し合いによって住民は納得できるのか

　「嫌がられる環境を誰が受け入れるのか？」という問題が起きたとき，「行政や企業，地域住民など，いろいろな立場の人が集まって話し合いをして決めたらいいのではないか」と考える人は多いだろう。先にも述べた通り，近年では，迷惑施設立地場所を決める過程で，話し合いの場をもち，住民の了解を得ることを重視するようになってきた。しかし，環境社会学者の一部は，話し合いが大切であることを認めつつも，それに解決の期待をよせすぎると，今度は足元

をすくわれかねないと警告する。とくに迷惑施設問題のように深刻な対立を招きかねない場合は，相互の理解が深まっているのかどうか疑問視される話し合いの場も多いと指摘されている。

　本節では，まず迷惑施設選定のプロセスを具体例から示そう。そのうえで，「嫌がられる環境を誰が受け入れるのか？」という問いかけへの解決策として期待される「話し合い」は，有効であるのか，問題点はどこにあるのか。その点についてみていくことにしよう。

迷惑施設選定のプロセス

　岩手県における産業廃棄物最終処分場計画の例を参考にしながら，迷惑施設選定のプロセスについて理解をしておきたい。

　岩手県は施設整備の基本的な考え方や整備場所の選定方法などを取りまとめた「産業廃棄物最終処分場整備基本方針」を2013年に策定している。方針では，外部有識者による委員会によって県内から迷惑施設立地候補地が選定されることになっている。具体的には，図4-1のように段階的に候補地が選定されている。1次選定では，あらかじめ設定されている都市部などの迷惑施設立地回避区域を除いた場所から，施設規模を確保できる場所を県内より抽出し，2次選定では希少動植物への影響，地震や水道水源へのリスクなどの基準，3次選定では交通アクセスの利便性や地域文化保護などの観点からさらに絞り込まれる。そして，4次選定において現地調査を行い，総合的な判断から迷惑施設候補地は5ヶ所にまで絞られる。

　次に絞り込まれた5ヶ所の候補地に対して，県は住民説明会（5市町村12地区）を実施している。5ヶ所の候補地の地域や市町村から意見をもらい，総合的に優先順位の高さを判断し，1ヶ所を決める。最終候補地となった市町村に対し県が受け入れを要請した後にさらに2回説明会が開かれ，当該地域住民との話し合いの場がもたれている。

　このように，委員会によって自然環境，社会環境，事業経営の合理性などの観点から，「適正」と考えられる候補地が5ヶ所にまで絞られ，その後，県が

第Ⅰ部 環境への考え方

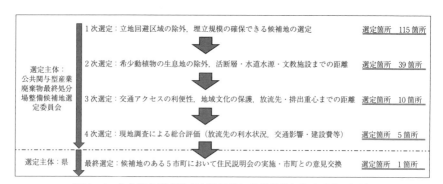

図4-1 公共関与型産業廃棄物最終処分場整備候補地選定の経緯
出所：一般財団法人クリーンいわて事業団，2017，『公共関与型産業廃棄物最終処分場整備事業 環境影響評価方法書』p.2-2より作成。

主体となって各地域住民や市町村と話し合いが行われ，最終候補地決定の判断を下していることがわかる。4次選定まででは，迷惑施設の「適正」な立地場所をさまざまな基準で絞り込んでいる。ここでの考え方のベースにあるのは分配的公正（Distributive justice）といわれる考え方である。この考え方は，迷惑施設によって広範囲に効用を得る人と立地地域住民の負担のバランスを調整しようとするものである。例でみてきたように，どういったバランスが「適正」なのかは，自然環境の保全や社会環境への影響，事業経営の合理性などの考慮すべきさまざまな基準が存在している。続く最終選定では，話し合いの場が設定され，関連するさまざまな人々の間で意見交換がなされ，最終的な立地場所が決定されている[9]。

話し合いのむずかしさ

では最終段階である話し合いの場とはどういったものなのか。迷惑施設の立地問題においては，行政，業者，地域住民間で話し合いをする場合，平等・公平に配慮した手続きを重視する話し合いが目指されるようになってきた。平等・公平と考えられている手続きの要件としては，手続きの一貫性，計画段階における住民参加，情報公開，複数候補地の選定などが挙げられよう。これらのルールの設定は迷惑施設立地場所の決め方が不透明であった時期からすれば，

大きな前進とみえる。しかし，土屋雄一郎によれば，そうした話し合いのあり方が受け入れ候補地住民の感情に届くことはなく，むしろ，話し合いのルールが公平に設定されることで，住民の納得からは程遠い結論に至ってしまうことがあるという（土屋 2008）。どういうことだろうか。

　ここでいう話し合いは，手続き的公正（Procedural justice）という考え方がベースにある。この考え方は，話し合いの場において，みんなが公平だと考えられる手続きをふむことを重視するものである。どういった手順で，どういったルールを設定して話し合いをするのか。それに対して，参加者全員が公平だと考えれば，手続き的公正は一応達成していると考えるのである。この考え方のポイントは，公平と感じられる手続きをとりさえすれば，結果として効用と負担のバランスの適正さを欠いてしまったとしても致し方ないと考えるところである（鈴木 2015：4-11）。

　土屋は迷惑施設立地場所を決める話し合いの場の分析から，次のようなことを述べている。迷惑施設の計画段階から住民が参画し，施設は必要だという結論に至ったとして，ではどこに立地するのかという具体的な立地場所選定の段階で当該住民は黙りこむことになりかねない。なぜなら，施設受け入れを自分たちが拒否をしたとすると，他の誰かがその負担を負わなければならないということを実感するからである。そのため，迷惑施設は必要かという全体的な議論からどこに施設を建てるのかという計画段階へと話し合いが進展するにつれ，迷惑施設の立地場所として科学的に「適地」だと判断された土地の住民は沈黙を強いられることになるのである。

　また土屋は，話し合いのルールを徹底すると，住民の不安や彼らの経験にもとづいた意見は排除されやすくなるという。環境リスクは曖昧なものであり，建設側は科学技術を駆使した安全を唱える一方，受け入れ側の住民は「とはいえ，不安がつきまとう……」という構図になりがちである。あるいは，迷惑は集中するといわれるように，「適地」と判断される地域社会にはすでに産廃業者などとかかわりをもっていたところも多い。これまでの具体的な業者との関係やそこから生じる業者への不信感など，住民の経験から反対意見をもつこと

も多いのである。こうした住民の不安や個別的な業者への不信感などは、私的で感情的な意見とみなされることが多く、くわえて論理的に表現することが難しい。そのため、公の話し合いの場では不適切な発言として排除されやすくなる。

　土屋が指摘するような、住民の沈黙あるいは経験に基づいた私的・感情的な意見ははたして公の話し合いの場から排除すべきものなのか。住民の沈黙や私的な意見にいちいち向き合っていたら、いつまでたっても迷惑施設はどこにも建てられない。住民が沈黙をするのは建設側の説明に説得されたからと判断して何も問題はないし、公の話し合いの場にふさわしい論理的な意見こそを重視すべきだと考える人も多いであろう。それはその通りなのかもしれない。

住民の納得と話し合いの限界

　しかしこうも考えられるのではなかろうか。みんなのために嫌がられる環境を受け入れるということは、そこに住む住民にとって基本的に理不尽な要求である。自分が悪いわけではまったくないのに「なぜ自分だけ」と思うような理不尽な要求に直面したとき、どのように人はその要求を受け入れるのであろうか。理不尽な要求を納得して受け入れるには、科学的な根拠にもとづく説得ではなく、それまでの住民の生活経験と結び付けて納得するしかないのではなかろうか。

　たとえば、第1節で紹介した香川県豊島は、島内での地区座談会を重ねた末に不法投棄された廃棄物を処理するための中間処理施設の一時的受け入れを決断した。藤川によれば、「住民は産廃の完全撤去を求めてきたが、たんなる搬出では他地域にその産廃を押しつけることになり、『第2の豊島を生まない』という運動の理念にも反するとの判断から島内での処理を率先して受け入れた」(藤川　2001：242) のだという。[10]このように、嫌がられる環境を自ら納得して受け入れる考えは、迷惑を受忍してきた地域住民の経験と結び付けなくては、思い至ることのできないものであろう。

　嫌がられる環境を受け入れる人々の立場からすれば、手続き的公正の考え方

にもとづく話し合いの場は，自分たちの経験を私的なものと切り捨てることを強要する場のように映るのかもしれない。話し合いの場は，各個人や組織を平等に取り扱うための工夫がなされた場である。しかし，話し合いに参加する特定の個人や組織の私的な経験を理解することは，平等性に反するところがあり，話し合いの場をすすめるうえでの障害とみなされかねない。そのように考えると，手続き的公正の考え方を貫徹させればさせるほど住民の個別的な生活経験が切り捨てられ，住民が納得できる道筋をうしなってしまうという矛盾が浮かびあがってくるのである。

では，話し合いの限界を認めたうえで，「誰が嫌がられる環境を受け入れるのか？」という問題にどのようにアプローチできるのであろうか。次節では視点を変えて，迷惑施設を積極的に受け入れようとする地域社会の考え方を理解することから考えてみよう。

4 地域コミュニティに内在する「納得」への道筋

迷惑施設を納得した地域コミュニティ

香川県豊島の例もそうだったが，数は少ないものの住民が納得して迷惑施設の受け入れを決意したと考えられる地域がある。1つ具体的な例を挙げて，本節では「嫌がられる環境を誰が受け入れるのか？」という問題の解決の方向性を探ってみたい。

事例の場所は琵琶湖湖岸のとある農村である。この地域コミュニティは[11]，ゴミ処理場や牛舎など，いわゆる迷惑施設を地域コミュニティ内のある場所へ誘致しようと試行錯誤している[12]。なにゆえに迷惑施設を誘致しようとしているのか。そのあたりの事情を彼らの経験からみていくことにしよう。

この農村には沼（琵琶湖内湖）があった。法律上，沼は公有水面であったが，地域コミュニティ成員の加入する漁業組合が県に利用料を支払い，利用権をもっていた。住民は，かつては半農半漁の暮らしをするものが多く，沼では地域コミュニティの祭祀も行われており，生業的にも精神的にも沼は地域コミュニ

第Ⅰ部　環境への考え方

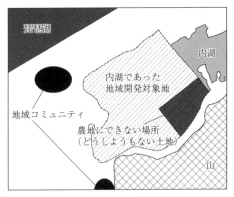

図4-2　事例地の地域開発対象地
出所：筆者作成

ティみんなのものと認識され，生活に密着していた。

　第2次世界大戦後，沼を干拓し水田化することになり，この地域コミュニティは一連の干拓・土地改良事業（以下，地域開発と表現）に着手した。この地域開発によって，沼は大規模に整地された田んぼと地盤沈下するために農地にできない土地（以下，地元の人たちの言葉を借りて「どうしようもない土地」と表現）に二分された。沼は部分によっては底なしといわれるような場所もあり，一連の地域開発によってどうしても地盤沈下する場所ができてしまったのである（図4-2参照）。

　地域開発の過程で問題となったのは，誰が「どうしようもない土地」を所有するのかということであった。沼はもともとみんなのものと認識されてきたので，地域開発の恩恵はみんなで受けるべきものであったと考えられる。しかし，沼の跡地は地域開発によって大規模に整地された田んぼと地盤沈下する「どうしようもない土地」に分かれた。多くの家は大規模に整地された田んぼを所有することで開発の恩恵にあずかれる一方，誰が「どうしようもない土地」を所有するのか。この点が問題となったのである。ちなみに，地域開発は，国や県からの補助金を受けて，ほぼ地元負担なしで行われた（数十億円という規模）。国や県からの補助金を受ける場合，開発事業日程が遅れてしまうと補助金がで

なくなるので，地域コミュニティの一部の人たちが「どうしようもない土地」を所有することは地域開発を成し遂げるにあたっての犠牲なのである。

　最終的に「どうしようもない土地」を所有することになった家が，地域コミュニティ内に1～2割程度でてくることをもって一連の地域開発は完了した。しかしながら，「どうしようもない土地」を所有した家々は，他の地域コミュニティ成員が大規模に整地された田んぼを所有する傍ら，何も耕作できない土地をもちつづけることになった。これでは地域開発の負担を一部の人に背負わせたままになる。この問題を解決するために，この地域コミュニティはゴミ処理場や牛舎などの迷惑施設を誘致する活動をつづけているのである。地盤沈下する土地を有効利用するため，誘致の対象に迷惑施設といわれるものを選んでいるが，もし誘致できれば「どうしようもない土地」に利用可能性がうまれることで，特定の人に偏っていた地域開発の負担を解消することができるわけである（たとえば「どうしようもない土地」に土地貸借料などの利益がでる）。ちなみに，施設誘致の話が持ち上がるたびに，地域コミュニティのリーダーは迷惑施設を利用したまちづくりを企画検討している。

地域コミュニティにおける負担の分有と住民の納得

　簡単に事例をみてきたが，ここで確認したいのは，どういった理由があれば迷惑施設を誘致することに住民は納得するのか，ということである。地域コミュニティの人々は，決して迷惑施設を受け入れることに迷いがないわけではない。たとえば，地域リーダーの1人は，ゴミ処理場を誘致しようとするとき，将来世代への影響に悩んだという。それでも，特定の住民を犠牲にして地域開発を成し遂げたにもかかわらず，犠牲となった住民が地域開発の恩恵を受けることのできない状況は，地域コミュニティ内の分断を予感させるものととらえられた。「みんなのもの」であった沼が，埋めたてられて個々人の所有地になったとしても，地域コミュニティの特定の人々に負担が集中したままでは許されなかったのであろう。実際に「どうしようもない土地」を所有する家々からいつまでこの不平等な状況のままにしておくのか，と苦情が出るようになった。

そこで,「どうしようもない土地」を所有する家々がこれまで背負ってきた負担を解消することをこの地域コミュニティは目指すことになった。しかし，地盤沈下する土地は活用しにくい。そのため，迷惑施設のような受け入れ先に困っている施設に「どうしようもない土地」を利用してもらう道しか残されていなかったのである[13]。

このように，地域開発にかかわる地域コミュニティ内の不平等を是正するために，この地域コミュニティでは迷惑施設を誘致する活動を続けてきた[14]。迷惑施設の受け入れは，地域リーダーが心配していたように，リスクを地域コミュニティのみんなで引き受けることに直結する。にもかかわらず誘致を模索しつづけるのは，特定住民の地域開発における負担を別のかたちで地域みんなで負担するという考えに多かれ少なかれ地域住民が納得しているからだと考えることができよう。

NIMBY 解決の糸口──地域コミュニティに内在するちから

この事例から私たちは,「嫌がられる環境を誰が受け入れるのか？」という問題に対するどういったヒントを得ることができるのであろう。

地域コミュニティは，生活弱者を保障する仕組みをもっていることが指摘されてきた。いくつかの社会的条件が整うと，地域の富や資源をコミュニティ成員間で分け合う仕組みが働くのである（内山 2010）。この指摘をふまえ，本節の事例が教えてくれるのは，地域コミュニティにおいては理不尽に生じた特定成員の不利益をみんなで分け合うという負担の分有も成り立つということである。しかも，事例地では「嫌がられる環境」をみんなが納得して受け入れようとする際，メンバー自身がその決断を後悔しないようにリスクの検証を綿密に行い，さらには環境をよくしようとさまざまな計画も立てられている。たとえば，牛舎の誘致の話がもちあがれば，牛肉の直売やレストラン施設を牛舎の近くに建てるといったように，迷惑施設の誘致が検討されるごとにまちづくりに向けた計画が地域リーダーらによって話し合われているのだ。

こうした地域コミュニティにみられる平等性（≒負担の分有）の感覚は，私

たちが嫌だとみなす環境を納得して受け入れさせるほどの奥深さをしばしばもっている。住民の納得が得られるということは，「嫌がられる環境」を受け入れることに責任をもつということでもある。そのことを前提にしなければ，住民の「嫌がられる環境」への積極的な働きかけは担保されないのではなかろうか。

　次のような土屋の指摘をふまえれば，「嫌がられる環境」を受け入れる住民の納得のあり方，責任のもち方を私たちは考える必要があろう。

　　かりに処分場計画が実行に移された場合，建設が開始されてから埋立完了の手続きが終了するまで，約20年という歳月を地域社会は経験することになる。そしてこの間，地域住民は最終処分場と向き合いながら生活をともにしていかなければならない。産廃紛争は，建設をめぐる賛否だけで終わる問題ではない。廃棄物の処理をめぐる技術や環境が絶え間なく変化するなかで，処分場の安全性を高め，地域社会の生活環境を保全していくためには，地域住民の主体的かつ継続的なかかわりが不可欠である。（土屋 2008：155）

　本章では，迷惑施設が地方に偏っているような社会状況について詳しく触れることができなかった。だが，「嫌がられる環境を誰が受け入れるのか？」という論点が，しばしば「嫌がられる環境を誰におしつけるのか？」へとすりかわってしまうのは，個人個人がNIMBYの態度をもつという認識から出発しているからこそではなかろうか。本章で取り上げた地域コミュニティは，長い歴史のなかで資源だけでなく理不尽な負担も分け合うことで生活を維持してきたのであろう。だとすれば，私たちはどういった条件であれば嫌がられる環境を納得して受け入れるほどの社会的なちからを発揮できるのか。さまざまな事例から地道に理解していくことも環境社会学の重要な役割といえるであろう。

読書案内

清水修二,1999,『NIMBY シンドローム考――迷惑施設の政治と経済』東京新聞出版局。
　NIMBY について真正面から取り組んだはじめての社会科学系の専門書といえる。ゴミ処理場,原子力発電所,基地問題といった NIMBY の問題を取り上げ,それぞれの問題の核心を示している。

土屋雄一郎,2008,『環境紛争と合意の社会学――NIMBY が問いかけるもの』世界思想社。
　本章で示したような迷惑施設建設における話し合いのむずかしさを事例より検討している。平等な話し合いの場を維持するための規則や規範が,かえって地域住民の「声」を巧みに排除していく問題をふまえ,望ましい迷惑施設建設の合意形成のあり方を模索している。

猪瀬浩平,2015,『むらと原発――窪川原発計画をもみ消した四万十の人びと』農山漁村文化協会。
　迷惑施設の計画がなされた地域社会にはどういった混乱が生じるのか。本書はこの疑問に高知県旧窪川町の事例から答えてくれる。住民の原発計画推進／反対運動によって,どれだけの人たちが普段の生活を損ない,人間関係に傷を負ったのか,また骨肉の争いをつづけてきた人々がどのようにまとまっていくのかについても,本書は鮮やかに示してくれている。

注

(1) 詳しくは,朝日新聞名古屋社会部(1997)を参照。
(2) 熊本博之は,迷惑施設が地方に建設されやすい理由を3つ指摘している。1つは,迷惑施設による被害者は少ないほうがよいため,2つ目は迷惑施設の建設にともなう補償費用の少なさ,3つ目は地方の方が反対運動を行うほどの力をもっていないためである(熊本 2010:33-34)。
(3) こうした空間的な不公正の分析枠組みとして,環境社会学の受益圏-受苦圏論を挙げることができる。導入として,鳥越皓之・帯谷博明編『よくわかる環境社会学』の「被害構造論と受益圏・受苦圏」(浜本 2009:150-152)が理解しやすい。
(4) 香川県の豊島では,1970年代半ばに廃棄物処分場への不法投棄という問題が生じた。廃棄物処分場への不法投棄とは少し不可解に思われるだろうが,ミミズ養殖で生じる無害廃棄物を想定した処分場に有害廃棄物が不法投棄されたということである。もともと事業者は有害廃棄物の処分場を計画したが,反対運動が生じ,主にミ

ミズのエサを対象とした無害廃棄物処分場へと計画を変更して県の認可を得た。事業者はその無害廃棄物処分場へ有害廃棄物を受け入れたのである。このことをさして，廃棄物処分場への不法投棄と表現している。この問題をきっかけに，豊島住民の反対運動は長く続くことになった。このあたりの詳しい経緯は，藤川（2001：235-260）を参照。

(5) 1970年前後のゴミ問題は，悪臭や害虫発生のような衛生問題であったが，1990年前後のゴミ問題はダイオキシンに代表されるような目に見えないリスクを含む，より深刻な環境問題として社会的な注目を集めた（藤川 2009：84）。

(6) 本項は舩橋（1995：5-20）の論考を参考にしている。ここでの社会システムとは，低価格で均質な商品を消費者へ提供するための生産・流通・販売体制ととらえておけばよいであろう。

(7) 迷惑施設問題に限らず，環境社会学者の一部は，環境問題の現場で設定される話し合いの場を分析の対象としてきた。自然環境問題における話し合いのむずかしさを指摘した論考には，たとえば足立（2001：145-176）や平井（2016：229-239）などがある。

(8) 委員会の正式な名称は，公共関与型産業廃棄物最終処分場整備候補地選定委員会。委員は自然地理学，地盤工学，動物生態学，環境経済学などを専門とする10名からなっている。

(9) 迷惑施設立地の決定過程は，通常少なくとも数年の時間がかかる。私たちの社会は，迷惑施設を建てるうえでこれらのプロセスが必要であることを認めてきた。近年では，迷惑施設の立地を公募形式によって選定する手法もみられ，さまざまな工夫がされている。

(10) 最終的に中間処理施設は，豊島の隣にある直島へ建てられたが，一時的ではあれ迷惑施設を豊島住民が納得して受け入れたことにここでは注目したい。

(11) 具体的には2つの地域自治会である。総戸数は150世帯ほど。

(12) 2017年時点で，こうした迷惑施設の誘致に成功してはいない。予定地の土地の地盤が悪く，計画が途中で頓挫してしまうためである。

(13) 実際には地域内の不平等を是正する方法は，迷惑施設誘致以外にもあろう。たとえば，地域開発で恩恵を受けた人たちが犠牲になった人へ利益を還元し，地域内の不平等を是正するというのもよい方法かもしれない。しかし，それでは納得のいかない人たちがこの地域コミュニティには多く存在するのが現実のようである。おそらく利益の還元よりも，迷惑施設を受け入れることで犠牲になった人の負担を分け合おうという判断のほうが住民の納得を得られると地域リーダーは考えたのであろう。ここに地域コミュニティの平等性の特徴がみられよう。

(14) この地域コミュニティでは，地域開発により生じた不平等に対処するために，迷

惑施設を誘致する活動のほか，オーナー梨園や桜の植樹などのような一見まちづくりのようにみえる活動も行っている。詳細は平井（2018）を参照。

文献

朝日新聞名古屋社会部，1997，『町長襲撃——産廃とテロに揺れた町』風媒社。
足立重和，2001，「公共事業をめぐる対話のメカニズム——長良川河口堰問題を事例として」舩橋晴俊編『講座環境社会学2　加害・被害と解決過程』有斐閣，145-176。
藤川賢，2001，「産業廃棄物問題——香川県豊島事件の教訓」舩橋晴俊編『講座環境社会学2　加害・被害と解決過程』有斐閣，235-260。
藤川賢，2009，「ゴミ問題の登場とその背景」鳥越皓之・帯谷博明編『よくわかる環境社会学』ミネルヴァ書房，84-86。
舩橋晴俊，1995，「環境問題への社会学的視座——『社会的ジレンマ論』と『社会制御システム論』」『環境社会学研究』創刊号：5-20。
浜本篤史，2009，「被害構造論と受益圏・受苦圏」鳥越皓之・帯谷博明編『よくわかる環境社会学』ミネルヴァ書房，150-152。
平井勇介，2016，「自然環境保全のための対話の設定と地元のストレス」『総合政策』17(2)：229-239。
平井勇介，2018，「迷惑施設の受け入れと負担の分有——ごみ処理場誘致を試みた滋賀県彦根市B集落の事例から」鳥越皓之・足立重和・金菱清編『生活環境主義のコミュニティ分析——環境社会学のアプローチ』ミネルヴァ書房，133-151。
熊本博之，2010，「迷惑施設建設問題の理論的分析——普天間基地移設問題を事例に」『明星大学社会学研究紀要』30：27-41。
清水修二，1999，『NIMBYシンドローム考——迷惑施設の政治と経済』東京新聞出版局。
鈴木晃志郎，2015，「NIMBYから考える『迷惑施設』」『都市問題』106(7)：4-11。
田口正己，2000，「ごみ『広域移動』と紛争拡大——紛争の多発と『広域行政』の問題」『都市問題』91(3)：27-40。
土屋雄一郎，2008，『環境紛争と合意の社会学——NIMBYが問いかけるもの』世界思想社。
内山節，2010，『共同体の基礎理論——自然と人間の基層から』農山漁村文化協会。
寄本勝美編，1983，『事例・地方自治11巻　清掃』ほるぷ出版。

第Ⅱ部　日常としての環境

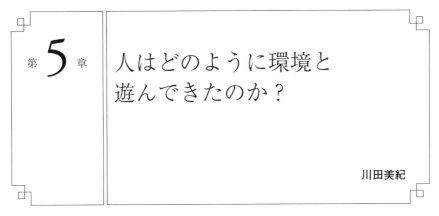

第5章 人はどのように環境と遊んできたのか？

川田美紀

POINTS
(1) 自然環境のなかでの遊びを通して，人は自然に関する知識や自然とかかわるための技術を習得している。
(2) 自然環境のなかでの遊びが次の世代に伝承されるかどうかは，働き方の変化など社会状況の影響を受ける。
(3) 環境問題解決の重要なカギとして，人々が環境をどの程度身近に感じているかということがある。「遊び」の経験は，環境を身近に感じることに大きく影響する。
(4) 遊びの要素と労働の要素が入り混じった自然環境とのかかわり（マイナー・サブシステンス）は，活動をする当事者に楽しみや喜びをもたらし，その成果物はしばしばコミュニティのなかで共有される。
(5) 私たちの社会は，これまで経済的発展を重視し，それを実現するためには自然環境のなかでの遊びができなくなるとしてもしかたがないと考える傾向にあったが，自然環境のなかでの遊びがもたらす要素も，私たちの暮らしには必要である。

KEY WORDS
知識，技術，伝承，環境の身近さ，マイナー・サブシステンス，資源の共有，豊かさ

1 自然環境のなかで「遊ぶ」

遊び道具を調達する

「遊ぶ」という言葉から，どのような行為を思い浮かべるだろうか。その行

第Ⅱ部　日常としての環境

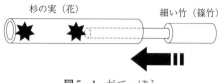

図5-1　杉てっぽう

為に必要なアイテムはどのようなものだろうか。

　私のゼミ生のなかには，卒業研究で子どもの遊びの変化を調べてみようという学生が2～3年に1人はいる。都市に近いけれど，まだ自然が残っている地域で，50年ほど前と現在の子どもの遊びについて調べたある学生は，調査をした後，「昔は遊ぶための道具も自分たちで作っていたけれど，今はお金を出して買うモノばかり。遊び道具も，遊び方も，昔は自分たちで考えたり，工夫する部分がいろいろあった」と報告にきた。

　昔の遊びの多くが，遊ぶための道具を自然のなかから調達して，それを道具に仕立てるところから始まっているというのは，とても興味深いことである。なぜなら，そのように道具を調達して仕立てるためには，自然のことをよく知っている必要があるからだ。つまり，遊ぶためには，自然の特性を知らなければならないのである。

　実際に体験してみようということで，先の遊びの調査をしていた学生と一緒に，杉てっぽうという遊び道具の作り方を調査地の方に教えてもらうことにした。篠竹を適当な長さに切り，両端に杉の実を詰め，一方から篠竹を細く切った棒で突くことにより，筒の中の空気が圧縮されて，棒で突いた反対側の杉の実が飛び出すという遊び道具だ（図5-1）。

　まずは杉てっぽうを作るための材料を調達しなければならないが，どこに行けばお目当ての篠竹を採取することができるのかがわからない。調査地の方の案内で，神社の裏手の篠竹がたくさん生えている場所にたどり着いたものの，次はどういう篠竹が杉てっぽうに適しているのかがわからない。これも形や太さなどを見て「これがよい」と教えてもらって採取した。そして，調査地の方が作っているのを見ながら，自分たちでも作ってみた。杉の実がなかったので

新聞紙を丸めたもので代用したのだが，調査地の方が作った杉てっぽうは勢いよく新聞紙の玉が飛び出すのに対して，私たちが作った杉てっぽうは玉がなかなか飛び出ない。見かけは同じような杉てっぽうなのに，どうしてうまくいかないのか。調査地の方のアドバイスを受けながら，試行錯誤を繰り返す。自然に生えているものなので，どれ1つとして同じ形の篠竹はなく，それぞれの篠竹に合った加工を施さなければならない。実際にやってみると，奥が深くて本当にむずかしい。けれども，そうであるからこそ，夢中になってしまう。玉がうまく飛び出さない理由を真剣に考えて改善を繰り返し，うまく飛び出すようになったときはとても嬉しい。杉てっぽうで遊ぶには，まず杉てっぽうを作る必要があるが，その過程もまた楽しい遊びであり，子どもたちは遊ぶための道具を調達する（作る）過程から，自然の特性を身をもって知り，その利用のしかたを習得することができていたわけである。

遊びを伝える

　かつての子どもは，遊びを通して知らず知らずのうちに自然環境に関する知識や自然環境とのかかわり方を習得していたとされるが，それを容易にしていたのは，おそらく一緒に遊んでいた先輩たちの存在である。先に紹介した学生の調査結果によると，少なくともその学生が調査した地域では，昔の遊び仲間は，今よりも年齢の幅が大きかった。今の子どもたちは，同じ学年であったり，近い学年の友だちと遊ぶ傾向があるのに対して，昔は低学年の子どもの面倒を高学年の子どもがみていたようなのである。そのため，どこに行けば何を採取できるのか，どの場所，どんな行為が危険なのか，遊び道具を作ったり使いこなしたりするコツはどこにあるのかということを，年上の子が年下の子に教えることが容易にできたのだろう。教えるというよりも，行動をともにすることで，年下の子はおのずと学ぶことができていた，と表現するほうが適切かもしれない。

　そして，一緒に遊んでいた先輩たちから学ぶだけでなく，次に紹介する鮎の友釣りのケースのように，親が子に教えるというパターンも少なくなかっただ

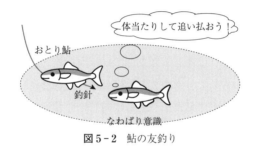

図 5-2　鮎の友釣り

ろう。

　2017年，私は岐阜県の郡上市和良町で「鮎釣り教室」に参加して，鮎の友釣りを初めて体験した。鮎は，なわばり意識をもっている。鮎の友釣りとは，そのような鮎の習性を利用して鮎を釣る方法である。具体的には，釣り針を付けたおとりの鮎を泳がせて，自分のなわばりに入ってきたおとり鮎を排除しようと体当たりしてくる鮎を針にひっかけるのである（図5-2）。

　体験する前は，生きた鮎をおとりにして釣りをするというのは，ちょっと残酷な気がしていた。けれども「鮎釣り教室」の先生に教えてもらいながら実際に体験してみると，おとりの鮎が自分のパートナーであるような気持ちになっていった。おとり鮎が弱らないよう，釣り糸が付いていることを川のなかの他の鮎に悟られないよう，人間はおとり鮎を大切に扱い，細心の注意を払う。そのうえで，おとりの鮎が川のなかで活発に動いてくれることで，はじめて鮎を釣ることができるのだ。

　友釣りを教えてくれた先生の話を聞いて，考えさせられたことがあった。和良町では昔と比べて鮎釣りをする子どもが少なくなったそうなのだが，問題はなぜ少なくなったのかということである。その先生は40歳代で，子どものころに父親に連れられて鮎釣りに行きその方法を教えてもらい，自分もまた同じように子どもを連れて鮎釣りに行くそうだが，現在，この地域では子どもを鮎釣りに連れて行く親がとても少なくなっていて，子どもが鮎釣りを体験し，学ぶ機会が減ってしまっているというのである。なぜ親は子どもを鮎釣りに連れていかなくなったのだろうか。もちろんさまざまな要因が絡んでいるだろうが，

働き方の変化による影響が大きいようだ。かつて盛んだった農林漁業の仕事場は，通常，家からそれほど離れていなかった。けれども現在は通勤に時間がかかる職場が増えて，多くの人は，「今日は天気や川の状態がよさそうだ」と，仕事の合間や仕事終わりに気軽に川にちょっと釣りに行くということがむずかしくなっている。鮎釣りをする大人が減れば，子どもを鮎釣りに連れていく大人も当然ながら減る。その結果，鮎釣りをする子どもが減っている，ということのようである。

　鮎釣りに限らず，私たちの働き方の変化にともなって，伝承する人が減り，絶滅が危惧されている遊びが意外とあるのではないだろうか。実際に，あなたは年上の友だちや兄弟，親，祖父母などに連れられて自然環境のなかで遊んだ経験が，どのくらいあるだろうか。

ひと昔前の自然環境のなかでの「遊び」
　一見すると個人的な行為に思える自然環境のなかでの「遊び」であるが，それが行われるかどうか，次の世代に継承されるかどうかは，実は働き方など社会の変化とかかわっている可能性がある，ということを先ほど述べた。では，社会の変化が起きる以前，人々は自然環境のなかでどのように遊んでいたのだろうか。

　遊びというと，子どものすること，というイメージが一般には強いだろうが，遊びが社会の変化に影響されるということであれば，子どもだけではなく，働き方の変化に直接影響される大人も対象にして，自然環境のなかでの「遊び」をみていく必要があるだろう。そこで，ここでは子どもに加えて，大人たちによる自然環境のなかでの遊びについてもみていく。ただし，それらは必ずしも純粋な遊びではなく，しばしば労働としての側面をもっている遊びだということに注意しよう。

　環境社会学では，このような遊びの要素と労働の要素が入り混じった自然とかかわる活動を「マイナー・サブシステンス」と呼び，研究対象にしている。マイナー・サブシステンスとは，文化人類学者の松井健が提唱した概念で（松

井 1998），お金を稼ぐための手段としては利益が十分得られなかったり，不安定であったり，効率が悪かったりするために生計を立てる手段にはならず，用いる道具はとても素朴で，活動する人の技の熟練の度合いが成果を大きく左右するような活動のことである。経済的意義は大きくないが，活動を通して得られる楽しみや喜びは大きいので人々を夢中にさせる。先の鮎釣りも，マイナー・サブシステンスの1つととらえることができるだろう。

　マイナー・サブシステンスは，遊びの要素と労働の要素が入り混じっている活動ではあるが，大人だけではなく，子どもたちによっても行われていた。子どもの場合は，そもそも生計を立てるほど経済的意義の大きい労働（メジャー・サブシステンスと呼ばれる）に従事するには，身体能力などが十分でないため，家の役に立とうとしたり，小遣い稼ぎをしようとすれば，その手段はおのずと，大人たちの仕事の手伝いをするか，独自にマイナー・サブシステンスをするか，いずれかに限られてしまう。

　たとえば，茨城県にある霞ヶ浦という日本で二番目に大きな湖に面したある集落で，昭和初期に育った男性は，学校での勉強に必要なものを買うためのお金を田んぼでどじょう獲りをして稼いだそうである。目の前にある霞ヶ浦に舟を出して網を使って漁をすればより多く稼ぐことができただろうが，そもそも舟をもっていなかったし，湖へ出て漁をするほどの身体能力も当時は備わっていなかっただろうから，身近な環境でできるマイナー・サブシステンスをするしかなかったのだ。

　では，大人はどうだったのだろうか。同じ時期，同じ集落の大人の女性が行っていた活動にタニシ採りがあったそうだ。この集落では家と湖のあいだに田んぼがあって，集落に住んでいる人たちの多くが田んぼの耕作をしていたが，農作業の合間に田んぼやその田んぼに水を引くための水路でタニシを拾ってご飯のおかずにしたそうだ。ほかにも，女性たちは農作業の合間に食用になるセリなどの野草を田んぼの畔で採取するおかず採りをしていたという。一方で，男性は何をしていたかというと，つくしといって，篠竹に糸を垂らした簡単な釣竿のようなものを朝方に湖畔に仕掛けておき，夕方に回収する漁をしたり，

うなぎかきという先が曲がっている鉄の棒1本でうなぎをひっかけて獲ったりしていた。高齢になって農業や漁業から引退した人は男女問わず，湖とは反対側にある山を歩き，山菜採りやキノコ採りをよくしていたようである。

2　「遊び」の経験と環境の身近さ

　環境社会学の理論には「環境との距離」という視点が入っている。人は，ある環境を心理的に身近に感じているほど，その環境に対して関心をもちやすく，関心が高ければ高いほど，その環境の変化（汚染や破壊）に対して敏感である。逆に，ある環境に対して心理的に遠く感じているほど，その環境に対して関心をもちづらく，関心をもっていないと，その環境が変化しても気づかないし，気づいたとしても自分が問題の当事者であるという意識をもてないので，問題を他人任せにしたり，解決するために自らが動こうという気持ちにならなかったりする（図5-3）。このような視点をふまえると，環境問題が発生することを未然に防いだり，環境問題が起きた場合に解決を模索したりするためには，人々がどの程度環境を身近に感じているのか，ということがとても重要であることがわかる。

　「遊び」に話を戻そう。自然環境のなかでの「遊び」は，身体を使うことはもちろん，視覚，嗅覚，聴覚，触覚，味覚という五感を通して自然とかかわる。そのような経験は，印象深いものとなりやすく，記憶にも残りやすいだろう。

　霞ヶ浦周辺に住んでいる人たちを対象に実施したアンケート調査では，湖を身近に感じることに影響を与える要因にはどのようなものがあるのか分析がされており，大きく影響を与える要因として子どもの頃に湖で遊んだ経験の多さが挙げられている（鳥越 2010）。

　つまり，環境問題の解決には人々がどの程度その環境を身近に感じているかが重要なカギであるということ，そして，環境を身近に感じる要因はさまざまあるが，なかでも「遊び」の経験は環境を身近に感じることに大きく寄与しているということである。この調査結果から環境を保全するための政策を考える

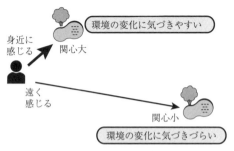

図5-3　環境との距離感と関心

なら，「危ないから」といって子どもたちを自然から遠ざけるのではなく，自然のなかで遊んだ経験をもつ子どもたちを増やすべきだという考え方が導かれる。そうすることで，自然環境を身近に感じる人が増え，自然環境に対する人々の関心を高めることができ，環境を保全するために活動する人たちも増えると期待される。

3　「遊び」と地域コミュニティ

　自然環境のなかでの遊びを論じる際に，重要な社会の単位がある。それは，地域コミュニティである。地域コミュニティとは，地理的に近接したところに住んでいる人たちのまとまりとひとまずは定義しておこう。ご近所さんや，神社のお祭りを一緒に行う人たちをイメージするとわかりやすいだろう。

　自然環境のなかでの「遊び」と地域コミュニティはどう関係しているのか。先に述べたマイナー・サブシステンスは，経済的な意義はあまり大きくないが，社会的な意義（人間と人間の関係，あるいは複数の人間で構成されている社会における意義）があると考えられている。たとえば，マイナー・サブシステンスは，技の熟練の度合いが成果を大きく左右するため，成果を得られる人はその道の名人として周囲の人たちから尊敬されることがある。ほかにも，マイナー・サブシステンスによって得られた資源は，ご近所さんなど身近な人たちにお裾分けされることがしばしばある。

第5章　人はどのように環境と遊んできたのか？

　沖縄県の古宇利島で現在もつづいているマイナー・サブシステンスの1つに，浜での海藻や貝の採取がある。主に女性が，潮の引いている時間に浜を歩いて行うおかず採りである。とくに旧暦の3月3日は「浜下り」という年中行事として，女子は浜に行き海藻や貝の採取を行うことで身が清められ，病気や災いを避けることができると地元では考えられている。このような浜でのおかず採りは，古宇利島では誰かを誘って一緒にでかけたり，採取してきたものを近隣の人たちや知人にお裾分けしたりする傾向がみられる。

　なぜお裾分けをするのか，あるいは誘い合って一緒に活動するのか。たくさんとれて自分や家族だけでは消費しきれないから，1人で行くよりも友だちと行ったほうが楽しいから，と当事者たちは答えるかもしれない。ところが，あまりとれなかった場合はお裾分けしないのかというと，そうとも限らないようなのである。極端な例をあげると，古宇利島では，市場にもっていけばそれなりの値段で買い取ってもらえる魚を，お裾分けするためにわざわざ獲ることがある。お盆やお正月，お祭りなどの特別な日のために，このようなお裾分けをするという人がいる。なぜそんなことをするのかと尋ねたところ，「海はみんなのものだから。自分は海人（漁師）だから，船をもっていて好きなときに魚を獲りに行っているけれど，海人でない島の人にはお裾分けをするのがあたりまえだと思う」とのことだった。

　古宇利島における数々のマイナー・サブシステンスをみていると，島の人たちは自然からの恵みを，採取活動を一緒に行ったり，とれたものをお裾分けしたりして，共有し合っているように思える。保存や輸送の技術があまり発達していなかったり，離島なので買い物に出かけるのもひと苦労だったりした時代とは異なり，近年はわざわざ浜を歩いておかず採りをしなくても，きれいに処理された魚介類をスーパーで簡単に手に入れることができる。好きな魚を好きなときに購入することができる。このように簡単に物が手に入るようになった現在，もし採取した資源が消費においてのみ価値をもつのであれば，お裾分けをもらうことのありがたさはかつてより小さくなってしまっていると考えられる。けれども，古宇利島で採取した資源のお裾分けがつづいているのは，島の

89

中あるいは島の周辺で得られた自然からの恵みを島の人たちのあいだで分ける，その行為自体に意味があると考えられているからではないだろうか。

　ではその意味とは何か。海人の言葉から考えられるのは，島の周辺で島の人々にもたらされる自然からの恵みは，直接獲得した人のものではなく島のみんな（地域コミュニティ）のものなので，島のみんなで共有することに意味があるということだろう。同じ種類の魚であっても，島の周辺の海で島の海人が獲った魚と，どこか遠くの海で知らない誰かが獲った魚は，まったくの別物なのだ。そして，そのような身近な自然からの恵みを共有する行為は，地域の人々のあいだにコミュニケーションを生むことはもちろん，自然からの恵みを直接獲得した人だけではなく，自然と直接的なかかわりをもたない／もつことができない地域の人々と自然とのあいだにもかかわりをつくっていると考えられる。

4　自然環境のなかでの「遊び」と環境問題

ポスト近代社会における自然環境のなかでの「遊び」

　昔の遊びや沖縄の小さな島での自然資源採取よりもう少し読者にとって身近に感じられるであろう自然環境のなかでの「遊び」の事例も取り上げよう。

　マイナー・サブシステンス研究の第一人者である松井健は，労働の効率化（機械化）や現金収入がある程度達成される前と後の社会では，マイナー・サブシステンスの意味が異なってくるという指摘をしている（松井 2004）。労働の効率化や現金収入があまり達成されていない社会では，労働は天気などの自然の影響を受けやすく，また，たくさんの成果（採取や収穫など）を得たとしても，それをすべて換金（出荷）することは，保存や流通の技術が整っていないために不可能であったりする。そこで，主要な仕事の空き時間を利用してマイナー・サブシステンスが行われる。たとえば，農作業の合間におかず採りをするといった具合である。ところが，労働の効率化や現金収入が達成されると，より多くの現金収入を得るために人々はより長い時間働くようになり，マイナー・サブシステンスに費やす時間が少なくなる。さらに，労働の効率化のため

になされるさまざまな開発や技術導入が，マイナー・サブシステンスを行うための環境を壊してしまうケースもある。たとえば，水辺を干拓して農地にすることによって，マイナー・サブシステンスがよく行われていた空間が失われたり，農薬を使用することで農地やその周辺に存在していた動植物の生息がむずかしくなってしまい，採取ができなくなるというようなことである。ここで，いったんはその社会におけるマイナー・サブシステンスの活動が衰退するが，労働の効率化や現金収入がある程度達成され，人々の環境や健康に対する関心が高まってくると，以前とは異なる意図でマイナー・サブシステンスあるいはそれに類する活動がおこなわれるようになるというのである。

　先に紹介した「鮎釣り教室」は，現在，グリーン・ツーリズムの1つとして実施されている。グリーン・ツーリズムとは，都市部に住んでいる人たちが，農山漁村の自然や文化，人々との交流を楽しむレジャーの一種である。かつては，都市部よりも農山漁村で自然とかかわりながら生活していた人たちのほうが多かったので，農山漁村の自然や文化に触れること，人々と交流することは，珍しいことではなく，多くの人たちにとって普通のことであった。けれども，多くの人たちが農山漁村から都市部に移り住み，都市的なライフスタイルが一般化した現在，農山漁村で自然や文化に触れること，人々と交流することは，多くの人たちにとって非日常となっている。都市部に住んでいる人たちは，日常生活を一時忘れてリフレッシュしたり，癒されたりすることを求めて，時間やお金をかけてでも，グリーン・ツーリズムに参加するのである。

　都市部の人たちが，グリーン・ツーリズムよりも手軽に行える自然とのかかわりに市民農園がある。市民農園とは，小さな農地で自家消費あるいはお裾分けができる程度の農作物を栽培するもので，出荷してその利益で生計を立てようとするものではない。生計を立てるための本業は別にあって，趣味として行ったり，会社を定年退職した人が生きがいや健康維持のために行ったりする。日本国内の農業人口は年々減っており，後継者不足は深刻さの度合いを増しているが，その一方で，市民農園を利用したい人たちは増えている。

　市民農園より規模の大きな農業でも，兼業農家（農業以外にも生計を維持する

ための仕事をもっている農家）が大半を占める地域で，かつてのように自然と触れ合う楽しみを復活させつつ，通常よりも高く販売できるブランド米づくりに挑戦している例がある。

　滋賀県の琵琶湖周辺の複数の地域では「魚のゆりかご水田」という取り組みがされている。琵琶湖周辺の水田では，かつては魚が湖から上がってきて産卵し，生まれた稚魚はしばらくのあいだ，温かくて外敵のいない水田で過ごしていた。ところが，水田の用排水システムを整備したことにより，湖と水田のあいだの水位の高低差が大きくなってしまい，魚が湖から水田に上がってくることができなくなってしまった。そこで，魚が再び湖から水田に上がってくることができるよう魚道を設け，水田や畔では農薬の使用を極力控えて，いきものが生息できる水田を復活させようと取り組んでいる。

　水田稲作は，一般的にメジャー・サブシステンス（主要な生業）あるいは主要な生業に次いで経済的意義のある生業と考えられるので，マイナー・サブシステンスや遊びとは位置づけ難い。しかし水田にいきものがいるということは，耕作をする農家にとってはささやかな楽しみであり，また魚を捕まえることができる水田や水路があることは，子どもが自然と触れ合うことのできる貴重な機会を提供することになっている。

環境の健全さを映す鏡としての「遊び」

　地域の環境がここ50年ほどでどのように変化してきたのか，という環境の歴史を調べてみると，多くの地域で土地を「効率的に活用する」ための開発が行われていることに気づく。ここでいう「効率的に活用する」というのは，より少ない労力で従来と同じ，あるいはそれ以上の農作物を収穫できるようにするとか，面積あたりで得られる農作物の量を増やすことによって，土地利用の経済的効率を高めるという意味である。たとえば，先に述べた「魚のゆりかご水田」の実施地域では，田んぼの用排水システムを整備するという開発を行い，より小さい労力で，より多くの米を確実に生産することができるようになった。

　ここ50年ほどのあいだ，私たちの社会は，経済的に発展することをとても大

切なことだと考えてきた。したがって，経済的発展を実現するための開発も，大切なことだと考えてきた。一方で，経済的な意義の小さいマイナー・サブシステンスや遊びは，経済的に発展するためには犠牲になってもやむをえないものだと考えられてきた。水田の用排水システムを整備したことによってより効率的にお米を生産することができるようになったが，それと引き換えに，魚が湖から水田に上がってくることができなくなって，水田や水路から魚がいなくなった。農家が米を作るために水田に行っても，魚をはじめとしたさまざまないきものに出会うことがなくなり，水田や水路は子どもたちがいきものと触れ合うことのできる遊び場の1つではなくなったりした。けれども，そのようなことを深刻な問題だとはなかなか捉えられなかったし，農作業の効率を上げたり，安定した米の収穫を得るためにはしかたのないことだと考えてきたのである。

　現在，私たちは日常生活において自然とかかわることが少なくなり，さらに，家族や近隣の人たちとのかかわりがあまりなくても，ある程度のお金があれば問題なく生活できる「便利な」社会に生きている。しかし，便利で経済的に貧しくなければ，私たちは幸せなのかというと必ずしもそうではないだろう。多少の手間をかけることになったとしても，自然と触れ合うことで得られる楽しみ，自然からの恵みを他者と分かち合うことで得られる喜びなども，私たちの幸せな暮らしの要素として重要ではないだろうか。

　新しい技術やしくみを取り入れて，より「便利な」社会になることはよいことのように思える。けれども，新しい技術やしくみを社会に導入することが，私たちと自然とのかかわりをどう変えるのか，私たちの暮らしをどう変えるのか，それは私たちが望んでいる暮らし方なのか，時には立ち止まって考えてみることが必要ではないだろうか。

　環境を守るために昔のように「不便な」暮らしに戻ろうといいたいわけではない。労働の効率化や現金収入の増加を否定しているわけでもない。けれども，私たちの社会は，労働の効率化や現金収入の増加を追求しつづけたことによって，人々と自然環境とのかかわりや，自然環境を介した人々相互のかかわりを

極端に弱めてしまったと考えられる。その反動として,近年,本章で紹介したような一部のグリーン・ツーリズムや市民農園のように,かつてとは異なるかたちで,遊びと労働の要素が入り混じった自然とのかかわり（マイナー・サブシステンス）あるいはそれに類する活動を人々が求めるようになってきている。

自然とのかかわりは,個人に楽しみや喜び,癒しなどをもたらすが,そのような個人的なメリットだけをもたらすのではない。人は,自然とかかわることでその自然環境を身近に感じる。環境社会学では,人と環境との心理的距離（人がある環境をどの程度身近に感じるか）に注目するが,それは,環境を身近に感じるほど,その環境の変化（汚染や破壊）を敏感に察知でき,たとえ環境問題が生じてしまったとしても,それを自分たちの問題として認識し,解決に向けて自主的に活動する可能性が高くなると考えているからである。

一見,個人のささやかな活動に過ぎないように思える自然環境のなかでの「遊び」は,人々が環境を身近に感じる度合いを大きく左右することから,環境保全に対して与える影響も決して小さくないと考えられる。つまり,人は自然環境のなかでの「遊び」を通してその環境を身近に感じ,それによって自然環境に対する関心が高くなる。関心が高くなれば,その自然環境の異変に素早く気づくことができ,保全にもつながりやすい。自然環境のなかで「遊び」がどれだけ行われているかということは,自然環境と私たち人間のかかわり,ひいては自然環境がどれほど健全な状態にあるかを映す鏡といえるかもしれない。

 読書案内

篠原徹編,1998,『現代民俗学の視点1　民俗の技術』朝倉書店。
　民俗学や人類学の研究者が調査した,自然とかかわるための伝統的な技術が紹介されている。二部構成で一部は〈自然〉で稼ぐ,二部は〈自然〉と遊ぶとなっており,とくに二部で取り上げられている海浜での採集活動や伝統的サケ漁などの事例は,本章の理解を助けるだろう。

嘉田由紀子・遊磨正秀,2000,『水辺遊びの生態学——琵琶湖地域の三世代の語りから』農山漁村文化協会。

遊びを通した人と自然とのかかわりの重要性をふまえたうえで，自然環境のなかでの遊びについて書かれている。とくに水辺での遊びについて，祖父母，親，子どもの三世代間の遊びの変化，その背景にある環境や社会の変化を知ることができる。

山泰幸・川田牧人・古川彰編，2008，『環境民俗学——新しいフィールドへ』昭和堂。
　主に民俗学の観点から，さまざまな人と自然とのかかわりが描かれている。藤村美穂による阿蘇の農家の自然とのかかわり方の事例などが，本章の理解を助けるだろう。

文献

松井健，1998，「マイナー・サブシステンスの世界——民俗世界における労働・自然・身体」篠原徹編『現代民俗学の視点1　民俗の技術』朝倉書店，247-268。

松井健，2004，「マイナー・サブシステンスと日常生活——あるいは，方法としてのマイナー・サブシステンス論」大塚柳太郎・篠原徹・松井健編『島の生活世界と開発4　生活世界からみる新たな人間-環境系』東京大学出版会，61-84。

鳥越皓之，2010，「霞ヶ浦湖畔住民の環境意識」鳥越皓之編『霞ヶ浦の環境と水辺の暮らし——パートナーシップ的発展論の可能性』早稲田大学出版部，219-232。

第6章 日本の草原はどのように維持されてきたのか？

藤村美穂

POINTS
(1) 日本に現存する草原の多くは，人が手を入れることによって維持されてきた。
(2) 生業のために草原を利用する人たちが減った結果，日本の草原面積は減少した。
(3) 現在，ボランティアや草原保全に関する支援が増えて草原の減少は食い止められつつあるが，一方で草原維持活動に参加する地元の人たちの人数は減少している。
(4) 地元の人たちにとって，草原は，生活や農業とつながったものである。
(5) 草原の維持を考えることは，草原をめぐる人と人の関係を考えることでもある。

KEY WORDS
草原，野焼き，半自然植生，草原の応援団

1 野や山を活かす

草原の国

　現在の日本が森の国だといえば，驚く人もいるだろう。国連食料農業機関（FAO）によると，日本は国土面積の約7割を森林が占め（世界平均は約3割），世界で第17位，先進国の中では第3位の森林率をほこる森林大国なのである。そして，その森林の多くは山地にある。

　したがって山とは木が生えている場所であって，スギ・ヒノキや広葉樹に覆われているのが当然だ，と感じている人も多いかもしれない。しかし山間部の

村で60歳代以上の人に話をきくと,「自分が子どもの頃は山に木なんてなかった」という言葉をよく耳にする。たとえば,九州のある山村では,昭和の前半まではどの地域でも山頂付近には草山（くさやま）が開けていて,大晦日の夜には村のみんなでそこに登って,向こうの山から昇る初日の出を待つ習慣があったという。また,紀伊山地の山間に住むある老人は,村はずれの峠まで歩いてそこから海を見ることが小学校の遠足であったと語る。

いずれの場所も現在は周囲の木に阻まれ,海どころか数メートル先の地面も見えなくなっているが,数十年前は遠くの海まで見渡すことのできる開けた場所,つまり草原や原野だったのである。明治時代には地域によって山の5〜7割以上が草地のところも少なくなかった（小椋 2006）といわれているから,これらの老人の言葉にも納得がいく。

さらに万葉集の時代までさかのぼると,各地で詠まれた歌のなかには,春の野,東の野などの語に加えて,綱竹原（しのはら）（細く背の低い竹の野原）,草野（かやの）（草原）,浅茅原（あさちはら）（カヤ草がまばらに生えている草原）など,さまざまな状態の草原をあらわす語がみられ,当時の日本に多くの草原が広がっていたことが想像できる。万葉の人々にとって,里の近くの山やその裾にひろがる「野」という場所は,愛おしい人や亡くなった人に想いを馳せる場でもあったのである。

本章でとりあげるのは,この草原の歴史と現在である。

「半」自然としての草原

山が多く平野が少ない日本では,人は山の斜面にも耕地を切り拓き,雨が多く穏やかな気候を活かしてそれらの耕地に水路をはりめぐらせることによって作物の生産を可能にし,狭い国土の至るところに住み着いてきた。

このようにして自然に手を加えつつ自然をうまく活かす工夫がつづけられた結果,日本に現存する植生の大部分は,「半」自然植生であるといわれている[1]。半自然植生とは,本来その土地に生育していた自然植生ではなく,「自然に発生してきた植物群落が,人間や家畜からの恒常的な働きかけによって遷移（自然にまかせた移り変わり）を阻まれ,ある状態のまま維持されたもの」のこと

第6章　日本の草原はどのように維持されてきたのか？

である。

　詳しく説明すると，日本では，高山や岩場や湿地など特殊な条件を除くと，ほとんどの植生は自然条件に応じてカシ・シイあるいはブナ・ナラなどの森林にむかって遷移が進んでいくといわれる。しかし，私たちの周囲をみわたすと，植林から伐採まで人の手で行う人工林のほかにも，トトロの森でイメージされる「里山」の森のように，必要な木のみを選択的に伐ったり，周期的に木を伐採するなどの営みが繰り返されるなかで形成された森が広がっている。また，田植え前など時期を決めて草刈が行われてきた水田の畔や河原の草地，決まった季節に定期的に水が溜められてきた人工の湿地（水田）など，人の働きかけによってある一定の条件が維持され，遷移が押しとどめられてきた植生が多くある。自然の四季を象徴するようにみえるこれらの自然は，人間が生活のなかでその植生を利用することで，維持管理されてきたものなのである。

　今や絶滅危惧種となった昆虫や鳥類，植物などの多くも，この半自然植生を住処としているとされる。それらは，たとえば，元来は太古の日本にあった湿原や草原に生息していたが，気候変動などによってそれらがなくなった後は，人間が作り出した水田や草原を住処として生きながらえてきたと考えられている。このように，さまざまな状態の「半」自然が維持されてきた結果，期せずして，ススキ，エビネ，ヤマユリ，キキョウ，オミナエシ，ハギ，カエル・メダカや赤トンボなど，四季を感じさせる草花や昆虫の生息場所が確保され，それが日本列島の生物多様性につながってきた。

　ところが，20世紀後半の高度経済成長期を経た今，日本の多くの農村では，長いあいだ維持されてきた半自然植生が急速に消えつつある。もちろん，森林・農地の宅地化や開発もその大きな要因である。しかし，それとともに，農業や生活の変化によって山や野や川への需要が変化したこと，さらには，半自然の状態を維持するための人間が農村からいなくなってきたことも大きい。そもそも人の手によって維持された半自然植生は，利用されなくなるとすぐに遷移がはじまり，雑草に覆われ，やがて藪になり，灌木林を経て森林へとかわっていく。

なかには,「人の手がはいった自然から,自然のままの状態に戻っていくのは悪いことではない」,「動物の住処や自然の森が増えるのはよいことだ」と考える人もいるかもしれない。しかし,長いあいだつづいた「半自然」が「自然」に近づいていくということは,それほど単純なことではない。まず,人によって維持されてきた草原や湿地に生息してきた生物たちの多くは,半自然植生がなくなると絶滅するだろう。そしてそのことは,生物の多様性を減らしてしまうことにもなる。

それだけではない。たとえば,福島第一原子力発電所の事故によって人の出入りがなくなった町は雑草に覆われ,人が住まなくなった家はタヌキやイタチなどの野生動物の住処になった,という映像を見たことがある人もいるだろう。

人間の住処であった空間のすぐ近くまで藪や野生動物がせまってくることは,寂しさや不安を増大させるだけではない。荒れた家を再び使えるようにするのに大きな労力が必要である。過疎化がすすんだ農山村では,藪をねぐらとするイノシシなどの野生動物が田畑を荒らし,村に残った人たちの営農意欲さえ奪ってしまうという悪循環も生まれている。近年では,都市の住民にも,長いあいだ見慣れてきた山里の景観が変わってしまうことに対する言いようのない危機感やそれを残したいという思いが高まっている。

私たちの社会は,この半自然植生を維持すべきなのだろうか。もしそうだとすれば,どのように維持することができるのだろうか。以下では,現在まで維持されつづけてきた半自然植生の1つの例として九州の草原をとりあげ,この問題を考えてみよう。

2　人と草原の歴史

野を焼く

　刈れども摘めども後を絶つことなく生えてくる草は,駐車場や庭のような狭い場所においてもやっかいな存在である。ましてや,田や畑に生える雑草を取り除く作業は,水田稲作がはじまってから現在に至るまで,常に農家を悩ませ

つづけてきたものの1つだといっても過言ではない。しかし歴史を振り返ってみると，この草が，時には取り合いをするくらいに重要な資源であり，努力して草原を作り維持してきた時代が長くつづいたことも事実である。

たとえば，万葉集には，「春野焼く」「野をばな焼きそ」「春の大野を焼く」など，草原に火をつけて燃やす営みが多く詠まれており，「野焼き」が飛鳥時代にすでに行われていたことをうかがわせる。

「春の彼岸ごろ，風のおだやかな日を選んで冬枯れの原野に火がつけられると，火は風をおこし勢いを得て一面に燃え広がります。……1週間もすると黒々とした土地が緑のじゅうたんを敷き詰めたようになり，一面緑草で覆われます。そのあと肥後の赤牛の放牧がはじまります。秋の草刈が終わる頃には冬が訪れ，茶から黒へ，そしてまた新緑に染まり，草原の色は四季折々変化していきます」。これは，熊本県阿蘇地方の草原景観の一年を表現したものである。

もちろん，現在の野焼きと万葉集が詠まれた当時のそれがまったく同じというわけではない。だが，古い草を焼くことによって，半自然としての草原を維持するという野焼きの営みは，現在でも日本の各地で継承されている。阿蘇のほかにも，山口県の秋吉台，静岡県にある自衛隊の東富士演習場の草原や渡良瀬遊水地のヨシ原などでは，現在でも1000 haをこえる規模の野焼きがつづけられており，小規模のものまで含めると，全国の80ヶ所以上で野焼きが行われているといわれる。

わざわざ草原に火を入れて野焼きをするのは，牛の舌や人間の手が刈り残した古い枯草や低木を完全に焼いてしまうためである。完全に焼くといっても，一年のあいだに伸びた枯草を焼く程度であれば，草の根や石の下に隠れた昆虫まで焼き尽くすことはなく，暖かくなると再び新たな柔らかい草が芽吹く。また，火をコントロールしながら順に焼いていく野焼きであれば，野ウサギやキツネたちが避難する場所や時間もある。

こうして毎年春のはじめに野焼きをすることによって，刈り取りのじゃまになる古い枯草が取り除かれ，夏には緑の絨毯が再生されるのである。さらに，野焼きには，ダニなどの有害昆虫を焼き，牛馬が好んで食べるイネ科植物や屋

根葺きの材料になるカヤなど、火に強い有用植物の比率を高める効果もあったことも指摘されている（国安 1998）。

ところで、野焼きに際しては、枯草や低木を完全に燃やす一方で周辺の森林などへの延焼は防がなければならないため、草原の利用形態に配慮した焼き方が必要になる。たとえば毎年1500 ha の台地（草原）の全体を焼いている秋吉台では、防火帯をつくるための草刈りは草原を取り囲む地区ごとに実施されているが、毎年２月に行われる野焼きはすべての地区が一斉に台地の裾野に火を着け、風にまかせて焼いてゆく。一気に1500 ha もの台地全体を焼くため、現在の日本で最大規模の野焼きとなっている。

一方、熊本県の阿蘇では、現在、秋吉台の10倍以上の面積で野焼きが行われている。しかし秋吉台のように一斉に火入れをすることはなく、火が隣の地区の草原にまで広がらないように前もって防火帯をつくり、地区ごとに日を決めて自分たちの地区の草原を焼いていく。阿蘇の広大な草原は、100を超える地区（古くからある自治会のような単位）ごとに、放牧地や草を刈り取るための採草地や、国などの事業によってつくられた改良牧野（栄養価の高い外来牧草を栽培する人工草地）などにモザイク状に分けて使われ、現在でも多くの地区で牛の放牧がつづけられている。地区に分かれて野焼きを行うのは、改良牧野や牛が放牧されているところを避けて野焼きをしなければならないからである。

このように野焼きの方法は土地によって少しずつ異なるが、いずれの草原においても、放たれた火がすさまじい勢いで山肌をかけ上がる様は壮観で、多くの観光客を呼んでいる。

ただし、広い山を焼いていく野焼きは危険をともなったたいへんな作業でもある。風の方向を読み違えたり火を着ける場所の順序を間違えたりするだけで火の向きが変わってうまく焼けなかったり、火の勢いをコントロールできなくなったりする。さらに、草原の地形も年々変化している。阿蘇で四十数年間牛を放牧してきた農家は、牛の見回りや採草のために毎日のように草原を歩いていても、牛が自分の知らない亀裂に落ちて死んでいることがあるという。このようにその年やその日の自然条件によって草原の状態は大きく変わるため、予

測できない事態が生じることも多く，野焼きは，緊張感をともなった作業なのである。

では，なぜ人々はこのような危険をおかしてまで野焼きをし，草原を維持しつづけてきたのだろうか。

生活と農業の中に組み込まれた草原

日本の農業は，弥生時代から古墳時代に発展した草肥農業と草地農業に始まるといわれる。草肥農業は，山野・河川・湖沼で採取した草を肥料として水田に敷きこんで米などを栽培する農業，草地農業は，丘陵地や大河川敷，半島・島嶼などの草地で牛馬を生産（飼育）する農業であり，どちらも近世に至るまで全国で広く行われていた（伊藤 2012）。これらの農業で用いられた特徴的な技術は，灌漑や排水など，水を制御することによって作物（草や木）の生育を促し，他方で水に強い稲以外の雑草を水没させて抑制する技術，そして火の使用によって木や草を焼き，その灰を田畑の養分とする技術である。

日本で水田面積が急速に増加し草肥農業が大規模に展開したのは，急激な人口増加があった江戸時代である。たとえば1600年から200年間のあいだに日本の耕地面積は3倍に増えている。その江戸時代には，米の生産のために，農耕用牛馬のための秣（飼料とする草）のほか，耕地にいきわたるだけの刈敷（水田の肥料とする草や小枝）が必要不可欠であった。それゆえ，水田の周りには少なくともその5倍から10倍近い面積の草地＝秣や刈敷の供給地が広がっていたと考えられている。

山が少ない平野部や海外沿いでは，用排水のために縦横にはりめぐらされた水路にたまった泥が肥料として用いられていたが，畔や土手に生えた草も，農耕牛馬の飼料のみならず肥料としても利用されていた。これらの地域では，草の取り合いを避けるために畔や土手の草を利用する権利まで詳細に決められていたほどであった。

阿蘇では，江戸時代に水田が増えると，人々は集落から300メートルも標高差がある外輪山（阿蘇山の中央火口丘を馬蹄形に取巻く外側の山の連なり）や阿蘇

山頂付近にまで草を求めるようになっていた。度重なる阿蘇山の噴火で火山灰に覆われた土地は痩せた土地であったため、そこに投入する大量の草が必要だったからである。人々は山のふもとの湧水の近辺に固まって住み、そこより標高の低いところには主に水田が、高いところには畑や森があり、山の中腹より上には草原が広がっていた。

　江戸時代には草原を維持するための野焼きも各地で盛んに行われており、全国至る所で林地延焼・類焼（山火事）被害問題が生じたことが記録されている。そのため、少なくとも昭和の半ば頃まで、時の為政者は常に火入れの規制と植林の努力をしてきた。しかし、いくら植林を促進しても、草を必要とした農民は、不法伐採までして草原を維持しようとした。十分な化学肥料が手に入らない山間部ではとくに、植林は遅々としてすすまなかった（伊藤 2012）。

　阿蘇や秋吉台など、山間部の多くの土地では、人々は、毎年の田植え前の作業として野焼きをつづけ、それによって草原と水田の一年のサイクルをスタートさせてきたのである。

みんなで利用しつづけるしくみ

　「草刈り場」という語は現在、多くの人が利権や利益を奪い合うような場所や領域などを比喩的にさす言葉となっている。地元の人たちが草を刈り取る場であった阿蘇の草原（草刈り場）でも、草や放牧場所を求めて住民たちが争いあっていたと想像する人がいるかもしれない。

　たしかに、農家の生活にとって草の確保が死活問題であった頃、全国至るところで「草争い」が勃発していた。阿蘇でも、稲刈りがおわって定められた期日になると、人々は一家総出で草原に泊まりながら草を刈り集めていたが、草の量が足りないときには、阿蘇山頂近くの草原を舞台に隣接集落とのあいだで境界争い（自分たちの地区が利用できる範囲をめぐる争い）をくりひろげたことが記憶されている。

　また、1960年代に阿蘇国立公園で道路や施設などを整備しようとした管理人は、農耕牛を放牧していた人々たちについて、「広大な原野を使っているにも

かかわらず草原への執着心はただごとではなく，少しでも放牧の障害になりそうな事業はできない」（松林 1964）と述べ，草を利用したい地元の人々と，美しい草原景観を多くの人に提供したい国立公園側の利害の調整をどうすればよいのか，と嘆いている。

なぜ当時の人たちがそれほどまでに草や草原に固執したのかについては，阿蘇が痩せた土地であっただけでなく高冷地で冬には草がなくなることを考えると，理解できるだろう。肥料としての草や，春から秋にかけての放牧地だけではなく，冬のあいだの飼料（干し草）を確保するための草原も不可欠だったのである。

しかし，地元の農家たちは無秩序に他人と争ったり広い草原を独占しようとしてきたわけではない。「コモンズ研究」と呼ばれる研究のなかで報告されてきたように，阿蘇においても，地区の住民が共同で利用（これを入会という）してきた草原では，自然の恵みを持続的に，争うことなく，村の誰もが享受できるための工夫がなされてきた。たとえば阿蘇杵島岳の山麓に広がるある地区の例を見ると，その工夫やしくみは，驚くほど徹底している。

他の多くの地区同様，その地区でも，集落から近い山のふもとは朝草刈り場（畜舎で飼っている牛の飼料として朝一番に青草を刈る場所）や放牧地，中腹のカヤ草がよく茂る場所はカヤ場（茅葺屋根の材料となるカヤをとる場所），それより上の広い原野は牛の放牧地（柵や土塁などで囲まれた）や採草地（肥料や牛の飼料用の草を刈る場所）などとして，場所ごとに用途を決めて草原を利用していた。用途を分けていたのは，放牧牛馬の管理のためだけではなく，牛や馬の食べ残しを刈るだけでは，カヤや干し草が効率よく得られないからである。

用途によって分けられた草原については，そのそれぞれにおいて，草の配分が各家で平等になるよう，さまざまな取り決めが行われていた。たとえば放牧地では，地区の住民であれば誰でも，日常的な農作業に必要としない牛を自由に放牧することができた。他方で，カヤ場や採草地は，草が多い場所に人が殺到しないように，それぞれ東西に４つに区切られ，地区に４つある組（１つの組は数十軒からなる）ごとに割り当てが決まっていた。ただし区分された草原

と4つの組との組み合わせは固定したものではなく，毎年ローテーションして場所を入れ替えていた。

さらに，各組の内部では，草原の南北を家の数に区切って個々の農家に割り振っていた。しかし，この農家への割り振りもまた固定したものではなく，毎年のように南北にローテーションさせていたという。したがって，個々の農家は，その年に自分たちが利用できる草原の範囲がはっきりと定められていたのであるが，その場所は東西，南北へと少しずつずれながら毎年変わっていくというしくみであった。このような徹底的なローテーションが組まれたのは，草原の東西あるいは南北で草の量が異なり，集落からの距離も異なったからである。

このように地区の住民であれば草を利用するすべての人に平等に権利が保障されたが，それと同時に野焼きや防火帯作りの作業は地区住民の義務とされ，一家に1人は参加する必要があった。

こうして，地元の人たちは，数百年にもわたって自分たちの地区で草原利用のルールを決め，地区内の人の利害を調整しながら草原の利用と維持管理を行い，さらに地区と地区の関係も調整してきたのである。このような経緯があるため，阿蘇一帯では，江戸時代からの利用単位である地区が，草原に対して入会権と呼ばれる，現実的にも法的にも強い利用権や発言権をもっており，現在に至るまで草原の維持にも大きくかかわっている。[5] 全国の里山や草原やため池には，阿蘇の草原と同じように，現在でも地元の地区が入会権をもつ例も少なくない。

3　草原の独立

草原から離れていった人々

しかし，草の利用は，近世後期の商品作物栽培の発達にともなう人工肥料の導入，そしてレンゲなどに代表される緑肥栽培への移行によって徐々に減りはじめた。その変化が阿蘇など山間部の隅々にまで届くのは，高度経済成長期が

はじまろうとする1950年代後半である。すなわち，この時期になると，ごくふつうの農家にまで自動車や農業機械や化学肥料がいきわたり，草肥農業は化学肥料農業へとおきかえられていったのである。さらに，トタンや瓦が普及し，屋根を葺くためのカヤも必要なくなった。

　皮肉にもそうなってはじめて，為政者が推し進めてきた森林化への努力が実を結ぶようになる。九州北部の山間部では，入会地(いりあいち)として厳格なルールのもとに管理されていた草山や草原は，戦後しばらくすると，多くは地元の地区に住む個人に私有地として払い下げられ，残りは地区で管理する山として，高度経済成長期にかけてスギやヒノキが植林されていった。同様のことが周辺で一斉に生じた結果，見晴らしのよかった山頂部は，数十年のあいだに人工林や雑木林へと変わっていったのである。

　阿蘇でも1960年代から，農業のためには使わなくなった草原のあちこちにスギの植林地が造成され，その周囲に防火帯を設けなければならなくなったことで，野焼きの手間は増えた。しかし阿蘇の草原は，このような変化が生じるずっと前の1934年から，火山と美しい草原景観を理由とする国立公園に指定されていたこと，そして，その広い草原を活かした草地農業，すなわち畜産の導入に力がそそがれたことにより，周辺地域ほどには森林化がすすまなかった。

　広大な草原は，食生活の欧米化による牛乳や牛肉の需要増加にともなって，国や県から畜産基地として注目されるようになり，1950年代なかばからは人工的に牧草を植え付けた改良牧野の造成などをはじめとする大規模な畜産政策が次々と実施されてゆく。とくに阿蘇の北側の地域では，国の政策で乳牛や肉用牛の大型生産基地を目指した大規模な草地改良が行われた。

　こうして，阿蘇で飼育されていた牛馬は，個々の家で飼われていた農耕用の牛馬から畜産用の牛へと，その飼育の目的を変えてゆく。それにともなって，飼育する農家との関係も変わっていく。たとえばある地区の例をみると，1960年代初頭にはほとんどすべての家が専業農家で，どの家にも農耕用の牛がいたが，1970年代になるとほとんどの家が農耕用の牛を手放す一方，肉用牛や牛乳の生産をはじめた者は全体の2割に満たない。

この2割の農家が，肉用仔牛生産のため10～30頭前後の母牛を買い集め，放牧地や採草地（牛の飼料のため）として草原を利用してきたのである。これらの農家は，草原を共同で利用するための牧野組合を形成し，現在に至るまで母牛の放牧と仔牛生産をつづけてきた。残りの8割の住民は，草原を使うための権利を保持しつづけ，草原の利用方法についての話し合いにも参加している。しかし，そのほとんどの家では，生業という点からみると自らの農業や生活と関係がなくなった草原から利益を得ることはなくなり，野焼きの義務だけをもつことになった。

　牛を手放した農家は，1970年代に，サラリーマンをしながら兼業農家として自家用の米や野菜をつくるようになった多数の家と，農業をやめて土地だけを維持しようとする人たちから作業を委託されたり畜産をとりいれたりして農業の規模を拡大し，専業農家となった少数の家に分かれていった。

　こうして，草原が残された阿蘇においてさえ，水田や畑と草原のつながりは消え，耕地と草原は，それぞれ独立した生産の場となった。現在では唯一，牛だけが草原と人（畜産農家）をつなぐ存在となり，畜産農家だけが草原と地区をつなぐ存在となっている。

　しかし，期待された畜産も，1970年代のオイルショックにともなう物価の高騰，配合飼料価格の高騰によって経営が困難になり，その後の乳価格の低迷や牛乳の生産調整，牛肉の輸入自由化などをきっかけに廃れていくことになる。

草原の応援団

　生業と結びついた日々の利用が減少しはじめた半自然植生は，すぐに他の新たな利用の波にのまれていくことも少なくない。とくに草原のような美しい景観を有する場合にはなおさらである。

　たとえば，山口県の秋吉台や島根県の三瓶山の草原では，地元の農家による草原の利用が減少しはじめた1960年前後に観光開発の波がおしよせ，道路の整備がはじまった。それとともに観光客の出すゴミの大量発生が大きな問題となり，またそれまで草原を自由に往来していた牛が道路や観光地に出没するのを

防ぐための手間や経費がかかるようになったのをきっかけに，放牧をやめる農家が増加するなどの問題が生じた。

阿蘇でも，同じ頃から草原にゴルフ場，ホテルなどがつくられていった。入会権をもった地区が，草原の一部を外部に貸したり売却したりする動きもこの頃から徐々に増え始めた。草原がもたらす収入は，その後現在に至るまで区の大きな財源にもなっている[6]。当然ながらゴミ問題や畜産農家の減少問題も生じた。しかし広大な草原が広がる阿蘇では，それよりももっと深刻な問題として受け止められたことがある。それは，自然の遷移という波である。

野焼きは，草の需要が減少した現在ではなおさら，草原の維持にとって欠かせない。阿蘇のほとんどの地区では，農家であるないにかかわらず，昔からそこに住み，草原の入会権をもった人がみんなで集まって野焼きを行ってきた。畜産による草原の利用（放牧や採草）がつづけられているところはともかく，放牧がなくなった地区でも，昔からの慣習や義務の1つとしてかろうじて野焼きをつづけてきた。しかし，サラリーマンとなった多くの人にとっては，雨による順延などで野焼きのために日程をあけつづけることが重なると，野焼きがおっくうになる。さらに畜産が衰退して畜産農家の数や牛の数が減ると，植林地への類焼や作業中の事故などによる精神的な負担によって野焼きをつづけることが困難になり，中止する地区も出はじめた。

このような草原をとりまく地域の実情が明るみに出たのは，牛肉の輸入自由化を契機に地元新聞の特集記事で畜産の窮状がとりあげられたのがきっかけである。野焼きを中止する地区のことが報道されると，それを「草原の危機」と受け止めた熊本近辺の都市住民たちが募金活動やボランティア活動などを組織しはじめた。

このような動きは，阿蘇地域の地元行政に対しても影響を与え，野焼きを支援するための助成金を出す町村も現れるようになった。こうしてはじまった阿蘇の草原保全運動であるが，おもしろいのは，ボランティアの人たちが野焼きに参加する理由，そして国や地方行政が野焼きに対して税金をつかってまで支援する理由である。

開発からの保護や原生自然の価値に関心が向けられ，自然を人間の手からできるだけ切り離して守ることが目指されていた1980年代から90年代には，「自然の森林」が増えることは，理屈のうえでは好ましいこととされていた。しかしその後，原生自然の価値に加えて生物の多様性という価値が強調されるようになり，半自然植生が社会的に評価されるようになってきたのである。

このような自然保護思想の流れのなか，阿蘇の草原保全運動も，国立公園としての景観，文化，草原に住む希少動植物，生物多様性，生態系サービス，文化的景観など，それぞれの時期に注目された概念や用語を駆使しながら草原の価値を訴えてきた。しかし，こうして草原を守る理由は次々と変わっていった一方で，都市からのボランティアや草原をめぐる国・行政，そして地元メディアの動きをみると，一貫して，草原の危機を何とかしたいという思いを抱いた「草原の応援団」であることに変わりはなかった。

たとえば早くから草原保全運動の中心的役割を担ってきたある保全団体は，植林，環境教育，産直やオーナー制度なども実施しているが，もっとも力をいれてきたのは野焼きがつづけられなくなった地域にボランティアを派遣して野焼きを支援する制度（野焼きボランティア）の整備であった。

阿蘇全体の野焼き面積，野焼きに参加した顔ぶれの変化を見ると，野焼き面積や入会権者＝地元民の野焼き参加者が減少している一方で，野焼きボランティアの数は大幅に増えている。そのボランティアの大半が，熊本市などの都市部からの参加者であることを考えると，草原保全に対する外部の人の関心の高まりがよくわかる。

阿蘇では，このような外部からの助けもあって，中止していた野焼きを再開する地区も徐々に増え，なかにはボランティアの参加による灌木除去を経て約50年ぶりに野焼きが再開された草原もある。さらに近年では，阿蘇が世界農業遺産と世界ジオパークに相次いで認定されたこともあって，県の支援制度も拡充されることになった。

このように草原の応援団は着々と数を増やし，支援の体制も整えられてきた。しかし，草原保全運動がはじまって20年近くたった2016年4月に発生した熊本

地震は，草原がいまだ存亡の危機の中にあることを露呈させた[7]。

震災があらわにしたもの

　2010年代に入ってから，阿蘇は多くの災害に見舞われてきた。古くから定期的に噴火する阿蘇山からの降灰を除いても，2012年には20名近くの死者を出した水害に見舞われ，そして2016年には地震が発生している。2012年の水害では集落だけではなく水田や農業用ハウスも大きな被害を受けたが，その復興のさなかに熊本地震が起こったのである。

　地震では，集落や農地に亀裂が入っただけではなく，草原も被害を受けた。震災の年から翌年にかけて実施された県の調査[8]では，阿蘇郡内で草原に被害が出たと回答した地区は全体の半数を超え，草原に行くための牧野道の損壊のほかにも，土砂崩れ，亀裂などの被害に見舞われていることがあきらかになった。そのため地震のあった次の春には，阿蘇にある約1200 haの草原で野焼きが中止された[9]。

　地震被害が大きかった北外輪山沿いのある地区の区長は，震災によって牧野道が寸断されただけでなく，草原の中の大きな石も動いたため野焼きによって浮石が転がり落ちる危険もあると話す。この地区では，できるだけ自分たちで野焼きをつづける体制や力を維持したいという思いから，これまで入会権をもった70数戸あまりの住民たちを中心に地区住民全体で防火帯つくりから野焼きまで行ってきた。しかし，仮設住宅や町外の親戚の家などに避難する住民も多く，震災のあった年からはボランティアの助けに頼らざるを得ない状況になっている。

　区長は，「草原の保全はこれからたいへんなことになるだろう」という。しかし，それは草原そのものの被害だけをいうのではない。データを見ると，草原再生事業がはじまって20年弱のあいだに，阿蘇全体で入会権者は減少し，農家や放牧牛の数も激減している。減少の度合いは地区によって異なるが，たとえばこの区長が受けもつ地区は，近年では全戸あわせて100軒あまりのうち畜産農家は4軒になり，草原に牛を放牧しているのはその中の1軒のみという状

況がつづいており，酪農振興のために造成された広い改良草地は，地区内外の畜産農家に採草地として貸している。また，熊本市内とのアクセスがよい別の地区は，都市部からの転入世帯も多く，約350軒もの住民がいるのに対して畜産農家はわずか4軒である。震災は，このような地域を襲ったのである。

　地震では熊本市と阿蘇地方をつなぐ大動脈である阿蘇大橋が崩落したほか，集落内外の道路が破損し，水田も亀裂がはいったり傾斜がついて貯水ができなくなったりした。農道や農地の復興は，面積の大小にかかわらず田畑をもった者にとっては死活問題である。しかし，震災から1年以上たってもまだ復旧のめどがたっていない。「2～3年という時間は高齢の農家たちにとってはあまりにも大きい……まだ時間がかかるなら，このまま農業をやめる人も多いのではないか」，と区長の心配はつきない。

　この区長の地区もよりさらに入会権者の高齢化が進み，長年にわたって畜産農家もいない地区の中には，豪雨と地震によって牧野道が崩壊したことをきっかけに地区全体で入会権の放棄を決め，市に草原の管理を要望したところさえある。しかし，1つの地区が草原の管理を取りやめると隣接する地区一帯にも影響が及びかねず，そのすべてを市やボランティアが管理することは不可能に近い。市は，国の補助や隣接組合の支援などを受けて管理をつづけるよう，当の地区に求めたという。[10] 相次いだ災害は，「支援」の体制が整いつつある今，「担い手」自体をどうするかという，当初からのむずかしい課題が依然として残されていることを露わにしたのである。

　震災後に今後の野焼きに必要なことを各地区に尋ねた調査（熊本県 2017）によると，ボランティアなどの支援よりも，管理道を兼ねた恒久的な防火帯の整備や後継者の育成が必要と答えた地区が多い。このことは，管理放棄を考えざるをえない地区がある一方で，畜産農家がほとんどいなくなった現在においても自分たちの手で草原の管理をつづける意志を示した地区も少なくないことを示している。

　このことについて地元の人は，「今は社会全体が草原に注目してくれている。それはありがたいことでもある。しかし，このような動きがいつまでつづくか

わからない。ボランティアも永久につづくわけではない（ので依存してはいけない）」「われわれは，なぜという理由はないが，草原はあるのが当然で，野焼きをして維持するのが当然だと考えている」という。とすれば，現時点で重要なことは，草原を維持管理しつづけている地区では，今後も地元の人たちによる管理がつづけられるようにすることだろう。最後に，草原の地元では，どのような人がどのように草原保全の役割を果たしているのかを見ておきたい。

4 草原を維持するちから

すでに述べてきたように，現在の阿蘇では，ほとんどの地区で，牛を放牧したり草を利用したりして草原を利用しているのは数人しかない。しかし最後に述べておきたいことは，草原は地区に数人の畜産農家，つまりその草原を中心的に利用している者だけで維持されているのではないということである。

野焼きの当日に多くの人手が必要なことを除いても，同じ集落に数軒であれ，田畑をつくったり牛を飼ったりして農地や周囲の自然を利用する人たちがいれば，それを手伝う親戚や友人，農繁期に雇われる人たち，作業を委託される人たちがいる。たとえば先ほど述べた杵島岳山麓地区に住む畜産農家は，三十数頭の牛を飼うほかに，自分の田や頼まれて耕作する田をあわせて大規模な水田耕作も行っている。その彼が稲の苗つくり作業をするときには地区内や近隣地区に住む親戚や友人が手伝い，家をしばらく空ける際には手が空いている近所の男性に牛の世話や田の管理を頼み，少数の牛を競りに出す際には近隣の地区に住む友人に競り市までの牛の運搬を頼み，草原で採草した草の梱包を急ぐときには大型の梱包機械をあつかう若者に依頼する。

ほかに，作業を請け負っている水田の持ち主，脱柵した牛を見つけて連絡してくれる近所のゴルフ場職員や隣の村の人まで含めると，彼の農業にかかわる人は20人を上回る。それらの人は，1人の農家を通じて，草原の現状や農業の実態を知り，関心をもつことにもなる。このような農家をとりまく人と人の関係がなくなれば，牛をひいて草原と集落を行き来するどころか，集落内の畜舎

で牛を飼うことや，春の休日にわざわざ地区のみんなで野焼きをすることさえむずかしくなるだろう。

　こうした地域の関係まで考えるなら，水田や畑や草原などの半自然植生を守るためには，少数であっても，現在それらとかかわっている人を絶やさないことが重要である。それゆえ，さきほどの畜産農家は，草原そのものの保全を唱える前に，阿蘇で農業をしたいと考えている人たちが食べていけるしくみをつくることが何よりも重要だと強く主張する。

　この言葉の背景には，自分たちで草原を守っていこうとする地元地区の意志とあわせて，「農業をする人がいてそこに草原があれば，いずれ誰かは草原を利用しはじめるだろう」という地域と自然のつながりに対する信頼感があるように見える。そして，草原を草原として維持しながら，再び草原を利用してみんなが食べていくことができる時代を待っているようにも思える。

　この「食べていける」というのは，必ずしも経済的な意味だけではない。福岡県で減農薬運動にとりくむある農家は，田畑の雑草取りについて，1つ1つの草や花や小さな昆虫と濃密な交感をするよろこびに加えて，毎年同じように芽を吹いてくる自然への信頼や，草花の循環を生み出すことへのよろこびをともなう作業だと説明している（宇根 2010）。

　現在の農業は，田畑は機械や化学肥料や除草剤でコントロールできるようになり，草原での採草や草の梱包でさえも機械でできるようになり，驚くほど省力化された。にもかかわらず農家は，「生活に余裕がない」という。手間のかかる労働のかわりに，一律に決められた規格や出荷期間にあわせた作業，機械・肥料・薬を購入するための借金に追われるようになったからである。このように次々と作業に追われる状況では，雑草は手間のかかるやっかいなものにすぎない。

　同じことが畜産にもいえる。この数十年のあいだに，畜産行政は，仔牛を効率よく太らせるために安い外国産飼料に依存することや，種牛の固定化や1年中牛舎で牛を管理することを推進し，それにあわせた規格や流通を推し進めた。このことは，牛の繁殖や採草や安全確認など，時間と手間のかかる作業を省力

化したが,一方で,ゆっくりと牛の表情や状態を見て,牛に話しかけながら「牛養い」をする機会や気持ちの余裕を奪っていった。農業の跡継ぎがいなくなった理由の1つには,経済的な理由もあるだろうが,このような農業の魅力がなくなったことも大きい,と先の畜産農家はいう。

　雑草や小さな虫と交感するよろこびや牛と対話する気持ちの余裕は,半自然植生を考えるうえでも重要である。なぜ牛も飼わないのに地元の人たちは野焼きをするのだろうか。この問いに,かつてある人は,野焼きには「楽しみ」があるからだと答えた。火の魅力や,非日常的な体験のもたらす緊張感とともに,年に一度,「決まりだから」「当然の義務だから」という理由で,みんなが集まって共同作業をする充実感や達成感,おしゃべりによる情報交換,野焼きに参加する家族に弁当を届けたり親しい人におかずを差し入れしたりする楽しみ,作業のあとに酒を酌みかわす楽しみがあるというのである。

　人の手で維持しつづけるしかない半自然植生をめぐって生み出されたこのような人と人との結びつきは,災害時の助け合いの基盤づくりや日常の相互扶助にもつながり,何よりも人を地域に惹きつけておくちからになる。

　また,ボランティアの人たちが阿蘇や野焼きに惹きつけられるのは,草原維持の役に立ちたいという思いや,それがエキサイティングで絵になる光景だからというだけではない。野焼きの際の地元の人や地元の生活とのふれあいも大きな魅力である。野焼きを通じて,阿蘇の人と出会い,暮らしの歴史や牛飼いの営為を感じることにも魅力があるのだろう。

　このように考えてくると,半自然植生を維持すること,すなわち人と自然の関係を保つことは,人と人との関係を維持し,新たにつくりだしていくことにもつながるのだということがよくわかるだろう。

 読書案内

宮内泰介,2017,『歩く,見る,聞く　人びとの自然再生』岩波書店。
　自然とどのようにかかわっていくかについて,さまざまな研究分野のこれまでの

議論を整理しながら，人間や社会の側から考えることの必要を説いた本である。筆者が調査した多くの事例にもとづいた議論であり，初学者にも実践家にも理解しやすい。

須賀丈・岡本透・丑丸敦史，2012，『草地と日本人』築地書館。
日本の各地には，最後の氷河期以降約1万年間，森林にならず当時の草原のままに維持されてきた土地が存在し，そこには太古からの動植物が現在も生きている。そして，それらの多くが人間の営みによって維持されてきた。本書は，このような，半自然植生としての草原の歴史について，詳細に述べられている。

徳野貞雄，2011，『生活農業論──現代日本のヒトと「食と農」』学文社。
過疎高齢化や農業の衰退は，政治経済などの大きな構造の問題として研究されたものが多い。そのなかでこの本は，具体的な農村（農産物の生産地域）や都市（農産物の消費者）の生活の変化や実態からこうした問題を考えようとしたものである。

注

(1) 環境省自然環境局生物多様性センター（2018）などを参照。
(2) 地元の温泉旅館「美里」のブログ（2016年12月参照）から一部抜粋（美里 2016）。
(3) 須賀らによると，後氷期に日本に広く展開した草原の由来は火山の爆発，つづいて人による火入れであった（須賀・岡本・丑丸 2012）。
(4) たとえば，岐阜大学流域圏科学研究センター植物管理研究分野（津田智准教授）のホームページでは全国70ヶ所以上の野焼き例が紹介されている（津田 2013）。
(5) 現在，採草地や放牧地の多くは市町村の所有地として登記され，そのうえに各地区の入会権が設定され，カヤ場や採草地の多くは代表者数名，あるいは古くから住んでいたすべての家による記名共有などとなっているが，いずれも引きつづき地区の草原として管理され，野焼きもつづけられていることが多い。
(6) この収入は，祭りや道路の草刈りや防火活動など，区の全体の生活や親睦や環境整備のために使われている。
(7) 2014年の草原再生構想でも，担い手である畜産農家の減少がつづいていることは問題として認識され，対策についての検討がはじまった。
(8) 熊本県（2017）による調査。
(9) 毎日新聞　2017年5月4日「熊本・阿蘇　風吹く草原(1)(2)」による。
(10) 2016年9月9日の東山（2016）による。

文献

阿蘇草原再生協議会，2014，『阿蘇草原再生全体構想　阿蘇の草原を未来へ〈第2期〉』．

東山凜太朗，2016，「熊本地震・被災者生活・復旧復興情報9月9日」東山凜太朗のブログ（https://ameblo.jp/onmitsudoshintenpoji/entry-12198386424.html）．

伊藤幹二，2012，「草（くさ）の歴史――時代が変えた緑地景観」『草と緑』4：19-30．

環境省自然環境局生物多様性センター，2018，「自然植生と代償植生」（http://gis.biodic.go.jp/webgis/sc-011.html）．

熊本県，2017，『阿蘇草原維持再生基礎調査（平成28年度実施）』．

国安俊夫，1998，「草原景観の管理――阿蘇の草原景観の管理の事例を通して」『ランドスケープ研究』62：112-114．

松林幸雄，1964，「阿蘇国立公園における二，三の主要な問題」『國立公園』173：44-46．

美里，2016，「阿蘇の風物詩『野焼き』が20日に延期！」黒川温泉 和風旅館 美里ブログ（http://blog.goo.ne.jp/k-misato_2010/e/78cf6295f9ee06c8667932c17c8a083c）．

水本邦彦，2003，『草山の語る近世』山川出版社．

小椋純一，2006，「日本の草地面積の変遷」『京都精華大学紀要』30：159-172．

須賀丈・岡本透・丑丸敦史，2012，『草地と日本人』築地書館．

津田智，2013，「日本全国野焼きマップ（2013年2月版）」岐阜大学津田研究室（http://www.green.gifu-u.ac.jp/~tsuda/hiiremap.html，2013年最終更新）．

宇根豊，2010，『農がそこに，いつも，あたりまえに存在しなければならない理由』北星社．

第7章 公園は都市の環境を豊かにしてきたか？

荒川　康

POINTS
(1) 公園は，誰もが利用できるという側面と，さまざまな決まりごとにしたがう人の利用しか許さないという側面をあわせもっている。
(2) 公園には「啓蒙性」「都市のなかのオープンスペース」「象徴性」「外部性」といった性質があり，これらの性質は日本が近代化していくなかで作り上げられたものである。
(3) 「〇〇パーク」という建物の乱造は，公園の語のもつ"理想的"なイメージに依拠して消費空間を作り上げようという設置者の意図が反映したものである。
(4) より深い公共性を備えた公園づくりには，「その場所がどうあるべきかを根本的に考える」という契機と，「その場所を本当に大事にする人に任せる」という飛躍＝冒険が求められる。

KEY WORDS
公園，良き市民，地域に根ざした公共性

1　公園がなぜ問題となるのか

「公園」と聞いて，みなさんはどのような場所を思い浮かべるだろうか。かつて子どもの頃に遊んだブランコや滑り台がある場所，あるいはディズニーランドのような「テーマパーク」だろうか。それとも遊歩道や木製の遊具があるような自然公園や，あるいは自動車などで出かけた先にある観光地となってい

る国立公園だろうか。

　ここでは，こうしたすべてを公園として扱うことにしたい。このように並べてみると，公園は今や日本中のどこにでもあり，おそらくほとんどの人がこれまでに一度は足を踏み入れたことのある場所ということができる。しかも，原則として誰でもその場所を利用できる開かれた空間であるのが公園の特徴のひとつだ。親に手を引かれてやってくる幼児から，杖をついた老人まで，わけへだてなく受け入れるのが公園なのである。

　では開かれた空間すべてが公園であるのかというと，決してそうではない。公園に似た空間として，たとえば空き地や神社の境内を考えてみよう。空き地はたしかに開かれた空間なので，バットやボールを持ち込めば野球だってできる。しかし空き地はあくまでも他人の土地である。もし勝手に入ったのがバレたら，すぐに追い出されてしまうだろう。神社の境内も，木が生えていたり，ちょっとした遊具が置かれていることもあるので，まるで公園のようだ。しかし神社の境内はあくまで神社の土地であり，お参りに来る人たちのための場所なのだから，神社のもつ神聖性を侵害してしまうような使い方はできないし，お祭りのときのように関係者以外の立ち入りが制限されてしまうこともあるだろう。

　このように，空き地や神社の境内は，子どもの遊び場になるということでは公園と重なる面もあるが，公園のように遊ぶこと自体が主たる利用方法ではない。それらは別の目的のために存在しているのであって，遊び場であるのは，主目的を侵害しない範囲内に限られる。逆に言えば公園は，はっきりした利用目的がないことが特徴といえるかもしれない。といって，この公園のもつ漠然とした性質（公共性）が，何もない，空白であるかといえば，決してそうでもない。

　公園に行ったときのことを思い出してみてほしい。ボール遊びをしたい，花火をしたいと思ってワクワクしながら公園に行ったら，入口に看板が立っていて，「ボール遊びをしてはいけません」「火気の使用を禁止します」と書かれていてがっかりしたことはなかっただろうか（図7-1）。あるいは，ホームレス

第7章　公園は都市の環境を豊かにしてきたか？

図7-1　魚釣り禁止の看板
出所：筆者撮影

の人たちが公園に寝泊まりしているので警察が排除に乗り出したという報道や，夕方や夜間に少年たちが集まって騒がしいという苦情が出たので市役所の人が見回りを始めたという話を見聞きした人もいるかもしれない。

　このように公園は，いつ誰がどのように利用してもよいという空間ではないのである。その意味で公園のもつ公共性がいかに漠然としていても，それは無色透明なものではなく，さまざまな決まりごと（社会学ではこれを「規範」と呼ぶ）からなっているのである。私たちがこれらの決まりごとにしたがっているあいだは，公園の性質がどのようなものであるかということ自体，ほとんど意識にのぼることはない。しかし，いったん決まりごとに抵触してしまうと，「なんでこれをしちゃいけないんだろう」「なんで出ていかなきゃならないんだろう」といった割り切れない思いを抱くことになるのである。

　最近は，少子高齢化の影響もあって，かつて子どもの遊びの代表であった砂場やジャングルジムの撤去が進み，代わって高齢者向けの健康遊具と呼ばれる器具が公園には目立つようになった。ところが，公園から子どもの声が少なくなっただけでなく，高齢者がこれらの健康遊具を使っている場面にもめったに出会うことがない。また比較的利用が多い公園内のベンチには仕切りが設けられ，横になって休むこともできなくなった[1]。

　こうして公園から次第に人影が少なくなっていっても，公園は今後も造られ

続け，維持されていくはずである。なぜなら，公園には公共性があると認識されるかぎり，社会的に必要であると判断されるからである。しかし私たちは，こうした公園の公共性の中身について，ほとんど何も知らされていない。そのため，ひとけのない公園が増え続けていくことに対して「なんか変だな」と思っても，ほとんどの場合はそれ以上考えることはない。しかしこれでは，財政の面からも，生活の豊かさの面からも，問題がないとはいえないだろう。

そこで本章では，私たちの身近な環境である公園を社会学的に分析することで，いま私たちがどのような性質をもつ空間のなかで暮らしているのかを知り，そこから今後の公園のあり方を模索するためのヒントを探していきたい。

2　公園のもつ見えないちから

公園の類型と歴史

日本国内の公園は，大きく2つに分類できる。ひとつは都市公園である。この分類には，児童生徒の遊び場になる街区公園（かつての児童公園）から，広い運動場を備えた総合公園や大規模公園までが含まれている。もうひとつは自然公園で，優れた自然の風景地の保護と，その利用増進を目的としている。自然公園には，国立公園のほか，国定公園や都道府県立自然公園がある。自然公園面積を合計すると，日本の国土の約15％を占めている（環境省 2017）。

都市公園も自然公園も，日本が近代化していく中で（戦災などの一時期を除いて），ずっと増え続けてきた[2]。これに，民間企業によって設置されたテーマパークと呼ばれる大型観光施設や，自然環境保全地域のような環境保全を厳格に行う地域も加えると，公園（パーク）は数量ともに膨大なものになる。

このように今や公園は私たちにとってたいへんありふれた存在になっているが，これらの公園にもまた歴史がある。

日本初の近代公園は，1903年（明治36）に日本の都市近代化のシンボル的な存在として開園した東京の日比谷公園である（白幡 1995：227）。日比谷公園には，樹林のあいだを縫って散歩するための遊歩道がめぐらされ，幾何学模様の

花壇や洋風のレストランも設置された。

　日比谷公園の開園につづいて，東京の各地には計画的に小公園が配置されていった。その際に重視されたのは，衛生的であること，児童の心身鍛錬の場であること，そして警察の監視が行き届く場であることだった（小野　2003：93）。都市の空気の腐敗防止や，（のちに兵士として国家を担うことになる）児童の身体をより強く健全にするために，とくに1923年（大正12）の関東大震災以後は，児童公園・運動公園が，最初は東京の各所に造られ，のちに全国に普及していった。現在も日本では公園が主として児童生徒の遊び場としてイメージされるのも，こうした歴史的背景があるからなのである。なお警察署の近くに公園が設けられたのは，公園で行われる政治運動の暴走を防ぐためだと言われている。

　以上のように，公園は人々が集まる場に自然と造られた施設ではなく，行政権力を背景に，「良き市民」を育成する場として造られてきたのであった。ここでいう「良き市民」とは，心身が健全で，内心の自由を保持しつつも秩序に従順な者といえる。公園がこのような啓蒙性（理性的にふるまうことが正しく，それを教え導こうとする性質）をもっているために，「良き市民」の外にあるとされた者は，公園から排除されることになってしまった。公園の入口に禁止事項を掲げた看板が設置されているのは，そうした公園の性質の表れなのである。

公園のもつアンビバレントな性質

　公園のもつ性質としてはほかに「都市のなかのオープンスペース」「象徴性」「外部性」の3つを挙げることができる。「都市のなかのオープンスペース」とは，都市全体の機能維持のために，災害時の避難場所や大型屋外イベントの開催，あるいはたんに建物の密集を避けるための公共空間として設けられることをさしている。公園が突如として保育所の建設用地に転用されるといったことが起こるのも，公園の設置者である行政側の都合によってオープンスペースの中身が変わってしまうからにほかならない。

　「象徴性」とは，たとえば，織田信長ゆかりの史蹟があるので，それを保存し，記念するといった場合（丸山　1994：213）や，日本の国土を感じられる場

所(たとえば日本の西の端),あるいは名所旧蹟や大樹・老木などの記念物のある景観を公園にして,時間的にも空間的にも,「日本」や「地域」を象徴的に表現することである。公園そのものには永遠に語り継がれ,見られることを前提にした象徴性と永遠性(無時間性)を保存する性質があるといえるかもしれない。

「外部性」というのは,近代化の進行によって失われてきた外部を公園が積極的に取り込んでいるという意味である。たとえば,都市化によって失われた自然を公園内に保存したり,勤勉であることを求める近代社会にあって遊びや休養の場として公園を確保したりすることをさしている。公園はこうした「外部性」をもつがゆえに,近代都市空間の中でもより多くの自由が保存されている場所としてイメージされることになった。

しかしすぐに付け加えなければならないのは,こうした「自由」もまた,公園設置者(行政)が許可した範囲に限られているという現実である。公園のベンチでどのような「危険な思想」にふけっていたとしても取り締まりの対象にならないが,勧誘活動のようにいったん他者に向けて行動を起こし始めると,監視の対象にされてしまう可能性を否定できない。また子どもが遊具で遊ぶ場合も,あらかじめ定められた利用方法を逸脱してはならず,遊具もまた安全性を十分考慮したもの以外は原則として設置することはできない。その意味で,公園で子どもが遊んでいるのか,それとも公園設置者の意図通りに遊ばされているのか,すぐには判別することができないといえるだろう。

以上のような,近代化の外側にあるようでいて実はそれに取り込まれているといったかたちのアンビバレントな性質が,公園には備わっているのである。

「パーク」乱造の背景

公園のもつ公共性とは,以上に示したような「啓蒙性」「都市のなかのオープンスペース」「象徴性」「外部性」といった性質が代表的なものである。いずれも公園利用者の立場からはたいへん抽象的かつ立派で,自由を感じられる性質だが,他方で公園はどこか近寄りがたい性質もあわせもっている。こうした

第7章　公園は都市の環境を豊かにしてきたか？

　公園のもつイメージによって，近年ますます消費社会化（消費が生産に対してより重要性をもったものとして扱われるようになった社会）が進展する日本では，「○○パーク」と名づけられた施設が乱立する傾向にある。

　冒頭にあげたテーマパークも含め，「○○パーク」という名前をもつマンションやアパート，「公園のような街」をうたう郊外住宅地や自治体の標語などが近年目立つようになってきている。これらの「パーク（公園）」という言葉は，実在する公園とは必ずしも一致しているわけではなく，むしろ「パーク（公園）」のもつ"魅力的なイメージ"に依拠した別のものといってよい。

　公園はそもそも，都市化にともなう環境問題や効率一辺倒の社会のもつ人間性を抑圧する部分にあらがって，人間のもつ創造性や自由を実感させるための空間として造られてきた側面がたしかにある（＝「外部性」）。だからこそ魅力的であり，ある種の理想像が公園には表現されていることになる。しかし見落としてはならないのは，そうした魅力や理想とは，実は設置する者の視線によって一方的に定義されたものだという点である。「○○パーク」を設置する者が，その空間を鳥のように上から見ながら「パーク（公園）」という語で連想されるイメージを勝手に確定し，それに沿って空間をひとつの魅力的な物語に染め上げてしまうのである。そこでは，その物語に同調できる者にはある種の快楽を与えるが，同調できない者を排除したり，見えなくしたりするはたらきもある。「パーク（公園）」は，一見すると自由や豊かさに満ちているように思われるかもしれないが，そこには人を選別する見えない力も働いているのであり，そこに私たちはある種の近寄りがたさを感じ取ってしまうのである。

　「○○パーク（公園）」が乱造される背景には，「公園」という語のもつ魅力や理想を喚起する力によりかかってひとつの物語に染め上げた消費空間を作り上げようとする設置者の意図があるといえないだろうか。

3 公園の公共性を可変的なものとするには

公園のもつ文化的側面への注目

　私たちは公園内でどのようにふるまうべきであるのかを知っている。言い換えれば，私たちは公園がただの空白な場所ではなく，さまざまな決まりごと（規範）を有する場所であり，その決まりにしたがうことが正しいと思っている。本章のこれまでの分析にしたがえば，こうした決まりごとが公園のもつ公共性の中身ということになる。その内容を詳しく分類すれば，「啓蒙性」「都市のなかのオープンスペース」「象徴性」「外部性」ということになるのだったが，そうした分類を知らなくても，私たちはこれらの規則にしたがうことが正しく，自然なことであるとみなしている。

　しかしこうした中身をもつ公共性は，公園を利用してきた人々の暮らしの中から自然と生まれ出たものではなく，日本がたどってきた近代化の過程においてそのつど公園を造る側の都合によって設定されてきた側面があることを，前節までに述べてきた。公園は一見すると，レクリエーションや防災といった機能を容れるための"世界にあまねく存在しているハコ"のような顔をしているが，これまでの分析が示してきた通り，実は公園にも歴史があり，その意味で公園もまた人々の意図や経験から織りなされる文化によって形づくられた存在なのである。つまり公園のもつ漠然とした性質＝公共性もまた，施設に内在する不変の性質なのではなく，その公園に関与してきた人々の考え方に応じて造られてきたものなのであり，可変的なものなのである。

　こうして公園のもつ文化的側面[(3)]を自覚できるようになると，ふだんは身近にある都市施設のひとつとしてしか意識することのなかった公園に対して，私たちはより意識的になり，公園の中身，すなわち公園のもつ公共性に対して積極的に手を入れることが可能になる。言い換えれば，来園者をいつの間にか公園の利用者に仕立てあげ，公園のもつさまざまな決まりごとのなかで活動させてしまうというこれまでの公園設置者たちの"手の内"を了解したことによって，

第7章　公園は都市の環境を豊かにしてきたか？

私たちはようやくその先を考えることができるようになったのである[4]。たとえば，ひとけのない公園が増え続けていくことに対して「なんか変だな」と思ったら，そこで立ち止まらず，公園のもつ公共性の中身を私たちの手によって積極的に変えていくことで，より魅力的な空間にすることも可能なのである。

では，私たちが公園の利用者であることから一歩踏み出して，公園のもつ公共性の中身を変えていく創造者となるためにはいったいどうしたらよいのだろうか。

ここではこの問いに直接答える前に，従来の公共性にとらわれない，いくつかの生き生きとした公園の実例を挙げて，そこから問いの答えとなるもののヒントを探ってみたい。

生き生きした公園とは

実例のひとつ目は，自分たちで遊びを作っていく活動である。冒険遊び場とかプレーパークなどと呼ばれる取り組みで，広場のなかにいくつかのガラクタなどを置いておき，それらを使って子どもたちが遊びを自ら作っていくことを大事にする活動である（東京都世田谷区にある羽根木プレーパークなど）。ときにはプレーリーダーと呼ばれる大人が関与する場合もあるが，あくまでもプレーリーダーは，遊び手である子どもたちの安全を確保しつつ，自主性を引き出すための役割に徹している（元森 2006）。こうした遊び場づくりは，公園でだけ展開されているわけではないが（筆者が体験したものとしては，震災で倒壊した建物が撤去された後の空き地で実施されていた例がある），公園内の既存の遊具に「遊ばされている」ことから一歩踏み出しているという意味で，積極的に評価できる取り組みであるといえるだろう。

２つ目は，公園自体の設計を周辺住民が中心になって担った例である。公園の遊具の位置やデザインを周辺住民の協議によって決定する「住民参加の公園づくり」は，今では全国各地で取り組まれているが，熊本県合志市にある「すずかけ公園」は，それをさらに一歩進めて，公園内の設備やデザインなどの設計まですべてを住民に任せた（公園設置費用の上限は行政側で示した）。そのた

図 7-2　靴を脱いで上がるトイレ
出所：筆者撮影

め，住民間で実にさまざまなアイデアが出たが，最終的にはほとんどの費用をトイレ建設にあて，残りはわずかな植樹のほかは芝生養生という案が作成され，そのまま実現した。わずかな植樹であっても，できあがった公園内が殺風景というわけではない。花好きの住民が公園の周囲に色とりどりの花を植えたり，植木に興味のある住民が公園の花木の剪定をしていたりするからである。見通しがいいので，小さな子どもを遊ばせる姿もよく見かける。とりわけ注目に値するのがトイレの管理である。このトイレは「土足厳禁」で，入るには靴を脱いでから，引き戸を開けて入る必要がある（図7-2）。これは公園のトイレが5K（汚い，臭い，暗い，危険，壊れている）に陥らないようにと，住民と実際の建築にあたった建築家のあいだで生まれたアイデアが形になったものである。日常の管理は周辺住民の有志数名によって気が向いたときに行われている。しかしこの人たちはほぼ毎日公園を利用しているので，1日に何回もトイレ掃除がなされることになる。だから公園のトイレは自宅のトイレよりきれいだと言っていた。

　このような動きが住民のあいだに生まれたのは，この公園づくりに地域住民が真剣に取り組んだ結果である。こうして「すずかけ公園」は，地域住民の人間関係を媒介する役割を担う存在になったのである（詳しくは，荒川 2012, 荒川 2002を参照）。

　最後に，「公園」を勝手に名乗っている例を挙げておきたい。長崎県西海市

第 7 章　公園は都市の環境を豊かにしてきたか？

図 7 - 3　日本一小さな公園
出所：筆者撮影

にある小さな島に「日本一小さな公園」を名乗る場所がある。この「公園」は島の周回道路脇の人里離れた場所にポツンと存在している。1 メートルの高さもない白い簡素な木柵で囲まれたその場所の面積はおよそ 10 m² 程度，1 本のシュロの木の横に手づくりの 3 人掛けの木製ベンチがある。そのベンチに座ると，遠く西に海を見渡すことができる。公園にはこのほか 1 枚の手書きの白い看板があり，そこには「日本一小さな公園」と書かれている（図 7 - 3）。「日本一小さな公園」を発案したのは，ここから車で 10 分ほどのところに住む人物で，この場所から見る海の景色が気に入っていたので，この土地の所有者とかけ合って「公園」設置を認めてもらい，少しずつ公園らしくなるよう自分で手を加えているという。

　もちろんこの「公園」は，都市公園法などの法律上の定めとは無関係である。だから統計的に見て「日本一小さい」かどうかとは直接関係がない。しかし，この「公園」を設置した人物にとって，ここはどれほど小さくても大切な場所なのであり，だからこそ少しずつ手を入れていつもきれいにしているのである。今では西海市のホームページの観光案内にも「ここから大切な人と一緒に見る海は日本一大きいかもしれません」という言葉とともに，終日入場自由の場所として掲載されるようになっている（西海市 2017）。

4　これからの公園づくりに必要なこと

根本的に考えることと大事にする人に任せること

　上記の3つの例には一見すると共通項がないように思えるかもしれない。しかし，これらの公園にはいずれも，「その場所がどうあるべきかを根本的に考える」という契機が内在していることと，「その場所を本当に大事にする人に任せる」ことという2点において共通しているのである。

　かつては周囲にたくさんあった空き地がなくなり，道路は車に占領され，子どもたちが自由に遊べる場所がない。それなら，自分たちで遊び場を作ってしまおうという発想から生まれたのがプレーパークである。たとえば羽根木プレーパークには「自分の責任で自由に遊ぶ」という手作り看板が掲げられている。この看板こそがこの公園のもつ公共性を象徴しているが，こうした標語が生まれたのも，この場所がどうあるべきかを真剣に考えた人たちがいたからに他ならない。こうした真剣な思いを行政もしっかりと受け止めて，思いを同じくする人たちを組織化して公園運営を委託しているのである。

　すずかけ公園の場合は，歴史のない新興住宅地であったすずかけ台地区で地域計画を作ることになったのが公園づくりのはじまりだった。宅地が造成されて20年たち，そろそろ世帯主が定年を迎える段階にさしかかってはじめて，自分たちの地域を今後どうしていこうかとまじめに考えるようになった。そのときに，町の事業の一環として地域計画づくりがもちあがったのである。そして，いったん計画づくりをはじめてみると，地域の抱える問題が次々とあぶりだされたのとあわせて，コミュニティセンター前の空き地を公園にしたいという強い要望のあることが明らかになったのである。地域が一丸となったこうした強い思いを行政側も汲みとることができたからこそ，公園建設にかかる費用の上限だけを定めて，あとの使い道は住民に任せるという形をとることができたのである。

　日本一小さな公園の場合は，たった1人の人物の思いが公園として実現した

ものだ。めぼしい観光スポットもない島だけれども、この場所から見る海や夕日は本当に素晴らしい。だから、ここを通りかかったら、ここで一息ついて、海を眺めてほしい。そのためだけの小さな場所があってもいいじゃないか。こうした思いをたった1人で実現してしまったのがこの公園だ。この場所を素晴らしいと思った人が、ここを大切にする。具体的な管理はこの人がするとしても、ここを実際に訪ねてきた人が「いいね！」という印を刻む（ブログやインスタグラムに写真を載せるなど）ことが蓄積し、しだいに注目されていくと、この場所を大切にしようという思いもますます強くなっていく。こうした連鎖が、この「公園」の公共性を形づくっていき、さらに魅力的にしていくのである。

　以上のように、「その場所がどうあるべきかを根本的に考える」ことと、「その場所を本当に大事にする人に任せる」こととは、相互補完、あるいは相乗効果を生み出す関係にあるといえる。その場所がどうあるべきかを根本的に考えることによって、その場所がいかに大切なのかと気づくことができる。あるいは、その場所の利用法を託されることによってはじめて、その場所がどうあるべきかを根本的に考え始める。こうした密接なつながりが両者にはあるのだ。

冒険心を公園づくりに生かす

　逆にいえば、ふだんの私たちがそうしているように、公園をただ使うだけの利用者の立場にとどまっていては、このいずれの契機にも出会うことはない。その意味で、生き生きとした公園を造るには、公園にかかわる人たちのある種の飛躍＝冒険を楽しむ心意気が必要になってくるのである。そこから「根本的に考えること」と「その場所を任せること」のあいだを行き来するはしごを登り始め、従来の公園のもつ公共性（漠然としていて、魅力は感じるけれどどこかよそよそしいイメージも喚起させる諸性質）を超えて、より地域に根ざした公共性（具体的なその場所を大切にする人々の手によってその都度創り上げられる諸性質）を生成していくのである。

　こうした冒険は、公園利用者である私たちの側にも必要であるが、これまで営々と公園を造り続けてきた行政側にも必要となる。ただし、行政はこの種の

冒険がたいへん苦手である。たとえば、すずかけ公園の場合でも、町の事業に乗っかった地域計画づくりをしないまま、「この場所を公園にしてくれ」と住民が陳情したとしたら、おそらく簡単にはOKが出なかったはずである。なぜなら、「すずかけ台地区だけを特別扱いするな」という声が、必ず周囲から出てくるからだ。また、生き生きした公園は従来の公園にないものがあるからこそ生き生きしているのであって、これまでの公園づくりのやり方が通用しない部分が必ず出てくる。そうなると、行政機関の側にはある種の痛み（たとえば、通常は素通りする建設計画の細々したことがらを一々上司に説明する必要が生じたり、話し合いが思いのほか長引いたり、たび重なる計画修正に応じるために年度を超えた予算編成を強いられるなど）をともないがちになる。しかし、こうしたさまざまな声や痛みを乗り越える勇気をもった自治体だけが、ひとけのない公園を放置することなく、本当に必要とする人のところに公園を届けることができるのではないだろうか。その場所のあり方を根本的に考え、大切にしようとする人たちの声によって生み出される公共性の方が、従来の公園が示す形式的な公共性よりもより深いところに根ざしていることを認め、その人たちの声が実現するように、自らは資源（若干の資金や情報等）を「差し入れる」立場に立つ。こうした冒険が行政側にも必要なのである。

　以上のような冒険心に満ちた人々が公園づくりを担っていけば、その公園は全国のどこにもない、独自の魅力をもった公園に育っていくことだろう。そしてその公園が実現する公共性は、日本のどこででも当てはまる形式的なものであることを超えて、地域に根ざした、より深い内容を備えていくはずである。

 読書案内

大村璋子編著，2009，『遊びの力——遊びの環境づくり30年の歩みとこれから』萌文社。
　本書では、遊ぶ権利を実現するための仕組みづくりを実践してきた著者たちが、これまでの活動を振り返りながら、現在公園に求められるものは何かを問いかけている。ここには遊びを取り戻すための各地の取り組みが、たいへんわかりやす

小野良平, 2003, 『公園の誕生』吉川弘文館。
都市公園の歴史を手軽に読んでみたいという人にはこの本がおすすめ。明治期の東京の都市計画において公園がどのように考えられていたのかなどが, 具体的な史料を使いながらも, コンパクトに, わかりやすくまとめてある。

中川理, 1996, 『偽装するニッポン』彰国社。
フクロウ型のトイレやカエル橋など, かならずしも公園を対象としてはいないが, 記号であふれる現代社会を読み解くための手引き書として便利。著者が実際に訪れて撮ったという数々の写真が, たんなる社会批評にとどまらない説得力をもって迫ってくる。

注

(1) 自然公園の利用者数も, 1992年（平成4）をピークに少しずつ減っていく傾向にある（環境省 2014）。

(2) 都市公園についていえば, 昭和35年度（1960年度）には総面積約1万4000 ha, 国民1人当たり約2.1 m^2 だったものが, 平成27年度（2015年度）には総面積約12万4000 ha, 国民1人当たり約10.3 m^2 にまで増加している（国土交通省 2017）。また自然公園も, 昭和36年度（1961年度）には総面積約230万ha だったものが, 平成27年度（2015年度）には約560万 ha まで増加している（環境省 2016, 2017）。

(3) 公園のもつ文化的側面については, 日本以外の公園との比較によっても明らかになる。一例として, 中国の公園を扱った荒川（2014）を参照。

(4) 実在する／した公園設置者の1人1人が, 公園利用者から意図的に自由を奪おうとしているわけではないことを, ここであらためて強調しておきたい。よりよい生活をつくり上げていくために公園を役立てようとしていることについては, 公園を造る側も利用する側も変わらないからである。ただし, 公園を設置する際に, より自由で便利な生活（これが近代的な生活の基本！）を人々が送れるようにしようとして設置された公園が, 結果的に, 人々を均質で画一的な公園利用者に仕立てあげてしまうというカラクリがあることは否めない。このような近代社会に内在する啓蒙的・温情的な側面が, 公園を利用する人々からいつの間にか自由を奪っていく作用を, ここでは"手の内"と呼んだのである。こうしたカラクリにからめとられずに公園をどうやって造って（創って）いくのかが, 私たちの今後の課題であるだろう。

第Ⅱ部　日常としての環境

文献

荒川康，2002，「まちづくりにおける公共性とその可能性――公園づくりを事例として」『社会学評論』53(1)：101-117。

荒川康，2012，「地域政策――住民とどう向き合うのか？」山泰幸・足立重和編『現代文化のフィールドワーク入門――日常と出会う，生活を見つめる』ミネルヴァ書房，41-58。

荒川康，2014，「近代化装置としての公園とその限界――『体育空間』化する中国の事例を中心に」松村和則・石岡丈昇・村田周祐編『「開発とスポーツ」の社会学――開発主義を超えて』南窓社，23-42。

環境省，2014，「自然公園利用者数推移」(http://www.env.go.jp/park/doc/data/natural/naturalpark_7.pdf)。

環境省，2016，「自然公園面積の推移」(https://www.env.go.jp/park/doc/data/natural/naturalpark_5.pdf)。

環境省，2017，「自然公園の地域別面積」(http://www.env.go.jp/doc/toukei/contents/pdfdata/h29/2017_3.pdf)。

国土交通省，2017，「平成27年度末都市公園等整備及び緑地保全・緑化の取組の現況（速報版）の公表について」(http://www.mlit.go.jp/common/001174177.pdf#search=%27E9%83%BD%E5%B8%82%E5%85%AC%E5%9C%92%E3%81%AE%E9%9D%A2%E7%A9%8D+%E5%B9%B3%E6%88%9027%E5%B9%B4%E5%BA%A6%27)。

丸山宏，1994，『近代日本公園史の研究』思文閣出版。

元森絵里子，2006，「子供への配慮・大人からの自由」『社会学評論』57(3)：511-528。

小野良平，2003，『公園の誕生』吉川弘文館。

西海市，2017，「観光案内」(http://www.city.saikai.nagasaki.jp/sightseeing/kankou/daishizentonodeai.html)。

白幡洋三郎，1995，『近代都市公園史の研究――欧化の系譜』思文閣出版。

第8章 これまでし尿はどう処理されてきたのか？

霸 理恵子

POINTS

(1) 人とし尿の関係史からは，都市と農村の関係，循環型農業の崩壊，生活の豊かさ，自然から遠ざかることなど，近代化にともない生起する諸問題を考えることができる。

(2) 日本では，し尿を肥料として使用することは，中世の終わり頃から戦後の高度経済成長期頃までつづいた。し尿を介して都市と農村は社会的・文化的・経済的に深く結びついていた。

(3) 1960年頃から水洗トイレが普及し下水道の整備が進み，し尿は廃棄物として処理される対象となった。それは生活の近代化として歓迎されたが，一方で，私たちの世界観，身体観，清潔・衛生に関する意識を大きく変えた。また，一見効率的，合理的に見える集中管理型の下水道システムは，災害時にはたいへん脆弱なことも明らかになった。

(4) 清潔で快適な水洗トイレは，現代日本社会のひとつの象徴である。そこには，人工的都市空間，都市農業の意義，自然とのかかわり，身体性の喪失と取り戻しなど，私たちの暮らしや社会のありようについて考えるさまざまなヒントがある。

KEY WORDS

肥料，廃棄物，物質循環，近代化，清潔，身体性を取り戻す

1　人とし尿の関係史

し尿の行方を考える

　あなたは，し尿という言葉を聞いたことがあるだろうか。し尿とは，大便と小便のことである。あなたは，水洗トイレ以外のトイレを知っているだろうか。用を足した後，忘れずに流す。これにより私たちの排泄したし尿は，水に流され，私たちの視界から消えていく。流された自分のし尿はどこへ行くのか，どのように処理されているのかなどとはほとんど考えることもなく，人は毎日用を足している。

　ふだん何気なく使っている水洗トイレというしくみが出来たのはいつ頃からか。そのことで私たち個々人の意識や行為，社会のありように何か変化はなかったのだろうか。

　本章では，し尿がどのように処理されてきたか，人とし尿の関係史を通して，循環型農業の崩壊，衛生観，身体性の喪失をキーワードに，近代化がもたらした変化について考えてみようと思う。

し尿処理の現在

　ゴミは法律上，「廃棄物」と呼ばれ，一般廃棄物と産業廃棄物に分けられ，さらに一般廃棄物は家庭から出るゴミと，事務所や商店などから出るゴミとに分けられる。では，うんち，おしっこは"ゴミ"なのか。し尿は，水洗トイレから下水道を通って，下水処理場へ運ばれて処理される。下水道が整備されていない地域では，家庭に設置した浄化槽で処理されるか，浄化槽がない場合は便槽にたまったし尿をバキュームカーでし尿処理施設へ運び，そこで処理されるかしている。いずれの方法でも処理後，きれいになった水は川や海へ流されている。つまりし尿はゴミである。2015年度現在，日本の総人口1億2804万人のうち，水洗化人口は1億2077万人（94.3%），非水洗化人口は727万人（5.7%）となっている。今や，日本に住む95%近くの人々は水洗トイレによる

第8章　これまでし尿はどう処理されてきたのか？

処理システムに依存した生活をしているということである(1)。

あなたは自分の家のトイレが下水道につながっているのか，それとも浄化槽につながっているのか，知っているだろうか。また，下水処理場はどこにあるのか，知っているだろうか。多くの人は知らないと答えるだろう。知らなくても，ふだんは何不自由なく暮らしている。しかし，いったん地震や津波，洪水などの災害が起こりこの便利なシステムが壊れると，私たちの暮らしが実はたいへん危ういしくみの上に成り立っていることが露わになる。下水管が壊れ，水洗トイレが使えなくなれば，私たちのし尿は行き場を失うのである。災害時に何が困ったかを被災者に聞くと，ほとんどの場合，水や食料の不足以上に，トイレの問題が一番に挙げられる。しかし，災害時のトイレの問題への対応は，たいへん遅れているのが現状である（野中 2017）。

し尿の価値は変化した

し尿は現在では廃棄物であり，処理されるべきものだが，いつの時代もそうであったというわけではない。時代により，社会状況により，その意味づけは変化してきた。1960年代の日本では，し尿は田畑の貴重な肥料として使われており，当時，し尿は行政ではなく自分たちが処理するものであった。現在のように，自分のし尿でありながらその処理は誰かにお任せ（行政の責任として）で，しくみの理解もしていないような行政お任せシステムではなかったのである。したがって，し尿をめぐる社会関係も，人と自然とのかかわり方も，現在とはまったく異なるものであった。

では，し尿処理システムの整備により，私たちの行為や意識はどう変わったのかを見ていこう。

2　し尿を介した都市と農村の関係

日本とヨーロッパの違い

18世紀のヨーロッパの大都市において，し尿は道路に捨てられたり，川や海

に投棄されたりと都市の生活環境の悪化を引き起こし，悪臭，水の汚染による消化器系の感染症の蔓延が深刻な問題になっていた。

一方，日本においては中世後期からし尿の農地還元が始まり，戦後の化学肥料の普及までし尿は農家にとってたいへん貴重な肥料のひとつであった。そのため，都市の人々のし尿を農家が買い取り，畑に入れる循環型農業が展開されていた。たとえば，徳川入府の頃の江戸は貧しい寒村であったが，後に人口100万という世界最大の都市に成長していった。こうした江戸の発達にともない周辺地域の農林漁業も盛んになっていき，都市で発生する膨大なし尿は，廃棄物ではなく貴重な肥料として農村へ運ばれ，農地へ還元され，農業生産力が高まっていく。農村の米や野菜が都市へ運ばれ消費され，都市のし尿は再び農村へという，農と食と廃棄物（排泄物）を結ぶ物質循環が，都市と農村の関係を構築し，支えていたのであった。

こうしたし尿を介した都市と農村の関係は，江戸とその周辺に限ったことではなく，全国各地の都市と農村，都市部と農村部において同様に見られたしくみであった。長崎県壱岐島の事例を見てみよう（鴑 2002）。

長崎県壱岐島にみるマチ・ウラ・イナカの交流

長崎県壱岐市は，福岡市から北西に約80キロ，玄界灘に位置する離島だが，福岡市博多とは高速船で結ばれており，比較的便利な位置にある。島にはもともと郷ノ浦町，勝本町，芦辺町，石田町の4町が存在したが，2004年にこれらが合併して壱岐市が成立した。2017年3月時点の人口は約2万6500人で，農業と漁業が盛んである。平坦な地形，温暖な気候，天然の入江などの自然条件に恵まれ，半農半漁村や漁村，農村集落が発達した。島民のあいだでは，島はマチ（町部）・ウラ（漁村部）・イナカ（農村部）という3つの相対的に独立した生活空間が相互補完的に結びついてきた歴史をもつ，と認識されている。

し尿の処理もその1つとしてとらえられている。マチやウラのし尿をイナカが汲み取り，引き換えに米や野菜を渡すというコエクミ-コエウケという社会経済関係が1960年代頃まで見られた。三者間での交流は，社会，経済，文化な

ど，生活全般にわたって展開されていた。漁村の乗り手と雇い主，田植えや稲刈りなど農繁期の手伝い，盆念仏(3)をする側と頼む側，定期市，魚や野菜の行商，農耕用の牛の預け預かりなど，交流は多岐にわたっていた。

　壱岐島のし尿処理のシステムは，3つの時期に分けることができる。〈第1期〉は農家によるコエクミ-コエウケの時代（1960年代頃まで），〈第2期〉はコエクミ-コエウケの衰退・消滅と民間の汲み取り業者の誕生（1950年前後から），〈第3期〉は行政によるシステム整備（1970年頃から現在まで）である。〈第1期〉は農家が個人的にコエクミを行い農地還元することでし尿が処理されていた時期，〈第2期〉は農家のコエクミが止むなか，農家に代わって汲み取りをビジネスとする民間業者が誕生展開していった時期，〈第3期〉は行政の責任としてし尿処理システムを整備していった時期，と整理することができる。

〈第1期〉コエクミ-コエウケの時代

　壱岐島では，し尿を汲むことをコエクミと言う。また，イナカの農家が自家以外のコエクミをすることを，コエウケと言う。1960年代まで，農家の肥料と言えばその中心は，農家自身がさまざまな有機質を活用して作る自給肥料であった。海・背戸の山（屋敷裏の林）・川・屋敷などの動植物が，貴重な肥料のもととして使われていた。主なものとして，牛糞堆肥，海藻と麦わらの堆肥，カルヘー（木灰），落ち葉，川岸の草，田の畔草，シメシル（イワシ加工で出る煮汁），そしてし尿があげられる。なかにはモヒキ（海藻採取）のように，その調達にたいへんな苦労をともなうものもあった。私が1913年（大正2）生まれの農家の女性YNさんに，1985年頃聞いた話を紹介しよう。

　「農機具が入る前は，どの家も農耕用に牛がいた。牛糞を入手することには何の手間もいらなかった。海藻を使った堆肥作りには，モヒキというたいへんな作業が必要だった。正月の7日頃にモグチアケ（藻口明け）があり，みんな，船をもって一斉にモヒキに出かけた。私の家では，父親が船で藻を引いてくるので，私は海に腰までつかりながら，船から降ろされた波の上の藻を集め，砂浜の干場（早くに出かけて場所取りしたところ）に広げて干した。ある程度水が

切れたら、モッコに1杯半くらいの量を牛に負わせて畑へ運んだ。藻は菜種の畝の中に入れていき、その上に土を被せた。これは畑の良い肥料となった。自分の家の畑に十分な量が集まったと思ったところで、モヒキを終えた。そのあいだは、毎日、夜中から弁当をもって浜へ出かけた。モヒキの済んだ後、ぜんざいを食べるのが何よりの楽しみだった。戦時中もやっていたが、そのうち他に肥料が手に入るようになったことや現金収入が他に得られるようになって、肉体的にきついモヒキはやめてしまった」。

こうした自給肥料中心の農業を行っていた時代には、し尿は貴重な肥料であり、農家としては何らかのお礼を支払ってでも「汲ませてもらう」必要があった。し尿を汲んでもらう側と汲ませてもらう側、その両者の関係は、ウシモエ(牛の預け預かりによって生じる社会関係。主にイナカとウラ(半農半漁村)の人々のあいだで、農業の機械化が進行するまで続いた)ほどではないが、それでも親しいつきあいだったと当時を知る人たちは話す。

し尿の利用

コエクミ-コエウケの実際について、私が1985年の調査で、1911年(明治44)生まれの農家の男性TMさんから聞いた話を紹介する。

「昔はコエクミにマチへ行っていた。どこに行くかは、それぞれの農家で決まっていた。当時はキンピ(金肥、化学肥料のこと)は値段が高く、あまり普及していなかった。また、キンピだけでは土が悪くなるため、コエクミは欠かせなかった。年末にコエクミをさせてもらった家に、もち米1斗か2斗を渡していた。キンピを多く使うようになったのは戦後で、それからはだんだんに有機質のものを使わなくなった、下肥も使わなくなった」。

同じく、1899年(明治32)生まれの農家の男性OFさんによると、「マチにシモゴエモライに行っていた。米何升かと引き換えに、月に1～2回、採らせてもらっていた。ウシモエほどは仲良くしないが、ツキアイはあり、汲みに行く家はほぼ決まっていた」と言う[4]。

このように、身の回りにあるさまざまな有機質を肥料に活用するやり方は循

環型農業の典型で，有機農業とその方法はほとんど同じである。ただ，当時の意味付けは，有機農業の考え方とは大きく異なっている。一般に，有機農業においては，環境への負荷の軽減，安全で安心な農作物の生産，持続可能な農業や社会のあり方を考えることなどが意識されてきた。[5]

しかし，当時の農家の念頭にはもっと別のことがあった。限られた現金収入のなかで，いかに生産資材にかかる費用を抑えるか，お金をかけずに作物の出来をよくするか，ということである。自分自身および家族の労働力は「ただ」（無償）と見なし，身の回りにあるさまざまなモノを活用していた。それは生活の知恵として，あるいは農業技術として継承されてきたものであった。落ち葉，海藻，水草，畔草，木の枝，灰，牛や鶏の糞などと並んで，し尿はたいへん貴重な価値のあるもので，それを活用しない手はない，という認識だったのである。また，TMさんが言うように「化学肥料だけでは土が悪くなる」から「コエクミは欠かせな」いと言われてきたが，戦後になると「だんだんに有機質のものを使わなくなった，下肥も使わなくなった」。

基本法農政と循環型農業の崩壊

1960年代に入ると，全国各地で，し尿の農地還元をはじめとする循環型農業は崩壊していく。化学肥料が安価で入手できるようになり，落ち葉，海藻，水草などを集めたり，し尿をマチへ汲みに行ったりする労力や時間を考えると，その代わりにどこか仕事に行って現金収入を得た方が，家計全体としてははるかに賢いことだ，という計算がなされるようになったためである。先述の農家女性YNさんが話したモキキをはじめ，有機質を集めて肥料として利用するには手間も時間も労力もかかることが問題視されるようになった。またし尿はもともと臭いもの，汚いものだけれど，それを補って余りあるよいことがコエクミ−コエウケにはある，という意識は，急速に失われていった。

1961年施行の農業基本法にもとづく「基本法農政」は，自家消費を基本とし余った農産物を販売するという自給的農業から産業としての農業への大転換を目指し，それこそが近代的で理想の農業の姿であるとされた。工業分野では農

薬や化学肥料の大量生産による価格の低下，農業機械の開発と普及などが農村に大きな影響を与えていく。かつては，多くの農家が最低1頭は牛を飼い，人力を中心に牛に運搬や耕耘(こううん)の作業をさせ，また牛の糞や尿は貴重な堆肥として利用してきた。

しかし，農業機械および軽自動車の普及とともに，牛は姿を消していった。家族同様に大切にしてきた牛は，生き物だから餌を与えないといけない，それは面倒なことだ，機械や車なら燃料入れればいい，手がかからないし牛よりも何倍も能率がいい，牛の糞や尿は臭い，化学肥料を使うから糞も尿ももういらない，ということであった。身の回りの有機物を集め，自分たちの投下する労働量は計算に入れずに体をフルに使って行ってきた従来の農業は，もはや時代遅れのものとして否定されていった。

こうしたなか，壱岐でもコエクミ－コエウケの時代は衰退へ向かい，新たなし尿処理のしくみが模索されていくことになる。次に，新聞記事および聞き取り調査に基づき，コエウケの衰退・消滅と民間の汲み取り業者誕生という第2期の状況を見てみよう。

〈第2期〉コエウケの衰退・消滅と民間の汲み取り業者の誕生

戦後，化学肥料が安価に手に入るようになると，農家の肥料に対する考え方は大きく変わった。自分で作るものから買うものへの転換である。マチやウラの決まった家へコエウケに行く農家は次第に減っていき，その結果，マチやウラの非農家や病院・役場・学校などがし尿の処理に困り果てるという社会的混乱が起きた。そうしたなか，商売のセンスに長けた人が，し尿の汲み取りを商売として始めた。民間の汲み取り業者の誕生である[6]。

マチやウラに住み農地をもたない住民たちは，その業者への依存を強める一方で，行政に処理の責任を問い，処理場建設を求める声が上がっていった。

そうした状況を示す当時の新聞記事がある。

『壱岐日報』の昭和29年6月21日記事には，「こぼれ話　糞尿処理のなやみ7月から解消か」という見出しで以下のような記載がある。

「毎年のことながら，猫の手も借りたい農繁期になると，お百姓も下肥を汲み取りに来てくれず，郷ノ浦ではよるとさわると糞尿談義で，色々と珍案迷案も飛出すが，一向に改善されず困りぬいた連中は海に流している始末で，保健・衛生上からも捨てておけない社会問題となりつつある折から，今国会で清掃法が改正され，7月1日から施行されることになっているが，それによると同法第6条に『市町村は特別清掃地域内の土地又は建物の占有者によって集められた汚物（糞尿を含む）を一定の計画に従って収集しこれを処分しなければならない云々』とあるので，7月からは当然町で収集するようになると思われるので，そうなれば糞尿のなやみも解消するわけで，臭いなやみも今しばらくの御辛抱というわけ」。

　また7月6日の同紙記事には，「読者の声　元居の糞尿処理に就て　見かねた生」として，次のような記載がある。

　「十年前迄は町肥〔まちごえ〕は唯一の肥料として特に元居肥〔元居集落の下肥のこと〕はよくきくとして珍重され，隣接篤農家〔研究熱心な農家のこと〕により運ばれたものであるが，近頃は金肥万能時代となった為之をくみ取る者がなく畑を持たぬ元居では其処置に困り，やむなく裏の海岸のがけから流し捨て之が海に注ぐという有様で，目や鼻をおおい度くなる程度である。一体町，保健所当局はご存じあるのか。今更乍ら当局と地元民の無関心に驚かされる。同海岸は釣や磯に楽しむ人もあり，『見んこと潔し』といえばそれ迄であるが，不潔不衛生極まりない。よろしく当局は部落民と協力談合して適当な場所にタンクを作るか定期的に汲取人夫をして処理されるか早急に解決が望ましい」（〔　〕は引用者による）とある。これに対し，行政が具体的な対応を行っていくのが次の第3期である。

〈第3期〉行政による新たな処理システム整備の時代

　1960年代半ば頃から，し尿を処理する責任の主体は住民自身から行政へと大きく移行し，住民は（し尿を）排泄するだけの主体になっていく。汲み取り業者とお客である住民との関係も変質していった。農家はマチやウラの住民たち

ほど困らなかった。自分で汲み取り，自家の畑に撒けばよかったからである。しかし，化学肥料の普及とともに農家にとってもし尿は肥料としての価値を失い，不要なものへと変わっていった。

汲み取り業者TTさん（1936年生まれ，郷ノ浦町在住，T衛生社社長）の話は，そうした経緯を端的に示している(7)。

「汲み取ったコエ（し尿）は，無料でイナカの農家に分けていた。農家が用意している大きな桶があったので，そこへ入れていた。農家はみんな，待っていた。糞尿のもって行く先に苦労はなかった。汲み取りをしている最中に，『うちへもってきて』と言われることもあったくらい。郷ノ浦町では昭和37年か38年頃，部落ごとにコエを溜めておくタンクを作った，各農家で自分でタンクを用意できないこともあったから。欲しい農家が多くて，『品物〔し尿のこと〕』が間に合わんようなこともあった。それが昭和40年代に入ると，化学肥料が出てきて，コエを欲しがる農家がなくなってきた。今度は一転して，もって行き先に困るようになった。各町で処理施設を作ったり，海上投棄したりして，何とか対応していた。そのうち，農家にも汲み取りに行くようになった。農家のし尿に対するとらえ方が変わったと思う。『肥料に頼ればいいや』という感じ。郷ノ浦は，農家がコエを使うのは石田町よりずっと早くにやんだ。石田と比べると農家の後継者はほとんどおらんし，田畑も荒れとる。コエクミしてそれを畑に撒くのは，年寄りじゃ，やれん，きつかよ。人のコエは畑にはいいらしい。土地がやせんらしい。農家の方では今も使いたいけど，周りの人から『臭いのする』ち言われるけん使わんち言う人もおる。今，石田町のし尿処理施設で処理したもの〔希望者に安価で販売〕は，臭いは数時間で消えるから使えるようだ」。

業者と汲んでもらう側との関係性も，大きく変質した。汲み取り業者TTさんは，以下のように話す。「最初（昭和30年頃）は，お金（汲み取り料）の他に魚ももろうて帰ったりした。業者の方がお客さんに大事にされてた。それが今は，世の中変わった。すぐ怒られる。こっちはいつもぺこぺこですよ。お客の方では金さえ払えばいい，という感じ。中には今でも，仕事の終わったら，

必ず栄養剤などのドリンクを1本くれたりするお客さんもある。人間性は，汚なか仕事しとる私たちが一番ようわかる」。

処理場の建設を求める声

『壱岐日報』を見ると，昭和40年頃には，コエクミ－コエウケ関係は完全に崩壊しており，それに代わる新たなしくみとして民間のし尿汲み取り業者および汲取車（バキュームカー）による回収と農村の肥溜への投入が始まったものの，化学肥料の普及によりし尿の農地還元が低下し，海洋投棄を行いしのいでいること，汲み取り業者への支払額の高さ，衛生上の心配など，問題山積状態であることがわかる。

たとえば，昭和40年8月21日の同紙には，「日報時評　し尿処理場実現のために」と題して，「農村ではこれを作物の肥料に使用する風習が長く続いて，自家のものばかりではなく，他所のものまで代償を払って受けたものである。そのために寄生虫の比率は高く，伝染病の危険さえ指摘されたのであるが，近年化学肥料の盛行によってその使用は漸次縮小され，町方浦方では処置に困り，高い汲取料を払って処理していたが，それも意にまかせず夜間ひそかに海や河に流し捨てるものがでてきた。町村に汲取車を置いて農家部落の肥料溜に運び入れたが，初めは農家も競って使用したがやがてはそれも取らぬようになってしまった。町村は運搬船を以て沖合遠く投棄している。曾っては河海に捨ててはならぬと町村がやかましく云ったものであるが，今は町村自体がこれをやっているのである。沖合に捨てると云っても，事実どこまで持って行っているのか気休めに過ぎない。汲取車も廻りがなかなか悪く，廻って来ても充分汲んでくれず，多額の料金を払っているもすっきりしない思いをしている。海や河のほとりに住むものが夜ひそかに流し捨てることも致し方ないところであろう。これは壱岐だけのことではなく，都市でも農村でも本土でも離島でものっぴきならぬ問題となっている。し尿と汚水とで沿岸の海は汚れきって，大腸菌がうようよしている」。

高まる，し尿への抵抗感

　し尿の農地還元が減少するなか，その行為を汚いと感じる声が強まっていく。かつてのあたりまえがあたりまえでなくなるとき，今度は異様なこととらえられるようになるのである。

　『壱岐日報』の昭和36年2月11日の記事，昭和40年8月21日の記事は，それを端的に表している。

　昭和36年の記事では，「農林省の生活改良普及事業の推進によって，台所は徐々に改善されてきた。ところが，これに反して便所のことは殆ど問題にされていない。……日本で糞尿を肥料に使うことは古くて広い。麦米や果菜類ならまだよいとして根菜類にも葉菜類にも皆生々しいものを頭からかけている。大根もかぶも白菜も糞尿の中から採取しているといってよい。農家はこの野菜を流れや溜池の不潔な水で洗って，見てくれだけを作って町に売っている。……下肥を使わない農業は今の段階では困難であろうが，糞便を施さない野菜だけは農家の常識となって然るべきである」。

　ここからは，昭和36年当時，壱岐島では広くし尿が肥料として使われているが，それに対する抵抗感が強く生まれていることがうかがえる。

　それからさらに4年後の昭和40年8月21日の同紙では，化学肥料の使用が広がり，し尿の農地還元が減っていること，寄生虫の発生，大腸菌，海の汚れが，壱岐だけでなく都市，農村，本土，離島を問わず広く切実な問題となっていることなどが指摘されている。

4町のし尿処理の現状

　島全体で1つの処理施設を求める声や動きは，1960年代半ばから盛んになる。しかし，迷惑施設であるため，候補地選定でなかなか意見がまとまらず，結局，4町でそれぞれにし尿処理行政をやらざるをえなくなる。1999年3月の調査時点での4町の状況は以下の通りであった。

　勝本町だけはまだ施設がなく，海洋投棄を続けている。芦辺町・郷ノ浦町・石田町の3町は，それぞれ地上処理施設を有している。芦辺町の施設は，1985

年4月から稼働し、し尿処理に加え液肥生産の機能をもっている。石田町の施設は1990年4月から稼働し、人と家畜（牛）の糞尿を合わせて処理するほか、液肥と固形肥料を生産する機能をもっている。郷ノ浦町は1977年4月から稼働する施設をもっていたが、肥料の生産機能は有していない。

　一方、海洋投棄を続けている勝本町、個別に処理場をもつ郷ノ浦町と芦辺町の場合は、石田町と状況がかなり異なっている。芦辺町の処理場では液肥生産も行われているが、実際の肥料としては使いにくいとしてあまり利用は広がっていない。石田町では液肥購入希望者が多く慢性的に「品不足」の状況が続いていることと対照的である。石田町以外の3町では、依然としてし尿は「処理される汚物」にとどまり、リサイクル可能な資源としての利用はなされていない。

3　し尿処理のしくみと世界観、清潔・衛生観

汲み取り便所の頃の世界観

　1960年頃から全国で水洗トイレと下水道の整備が進むと、し尿は廃棄物として処理される対象となった。そのことは生活の近代化として歓迎されたが、一方で、私たちの世界観、身体観、清潔・衛生に関する意識を大きく変えることになった。

　以下、水洗トイレ普及以前、汲み取り便所の頃の世界観を見ておこう。

　汲み取り便所とは、水洗便所に代わるまで広く使われてきた落下式便所のことである。呼び方はさまざまだが、排泄したし尿、とくに大便が便槽に落下するときの音から、ボットン便所と呼ばれることが多い。汲み取り便所は母屋とは別に作られていることが多かったため、夜、いったん外へ出て便所へ行くことは小さな子どもにとっては恐怖、あるいは大きな抵抗感をともなうものだった。

　母屋のなかに便所が設けられるようになっても、便所は日当たりのあまりよくない北側に作られることが多く、照明も現在のような明るさはなかったため、

やはり子どもにとっては何となく，あるいはとても怖い場所でありつづけた。糞尿の匂いに加え，暗い便槽に落ちるかもしれない，どこにつながっているのだろうという恐怖感があった。溜まった糞尿が見えれば視覚的にも汚い，見たくないものでもあった。こうした，水洗トイレとはまったく異なる汲み取り便所の空間は，ある世界観とともにあった。

　それは，便所に神様がいると信じること，便所を異界の入り口と考えることである。便所にまつわるさまざまな言い伝えや昔話などは，そうした世界観と結びついたものである。便所の神様は，厠神，センチ神，カンジョ神などさまざまな呼び名があった。御札や雪隠雛と呼ばれる小さな人形を神体として便所の片隅に祀るところもあったが，具体的な神体を祀らないところが一般的であった。雪隠参りという儀礼は，かつては東日本でよく見られた風習で，生児が初めて外に出る際の儀礼のひとつで，自分の家の便所や近所3軒の便所にお参りした。多くは生後7日目のお七夜の日に行ったが，30日前後の宮参りの日に行うこともあった。妊婦は便所をきれいに掃除しておくと安産になる，娘は便所を掃除しておくときれいになる，などの言い伝えは広く聞かれた（井之口1980，飯島1986，倉石2000）。

トイレの革命と清潔・衛生の観念

　汲み取り便所から水洗便所への転換は，都市化の進展にともない，1960年代から急速に進んだ。家の建て替えやトイレの改装により，トイレは異界を感じさせるものから，日当たり良好，明るい，芳香剤や人形等を置いた快適空間として生まれ変わった。前述の便所神を信じること，便所を異界との境界ととらえる感覚，この世とは別の世界の存在とすること，こうした世界観はほぼ消失したと言える[8]。

　トイレだけでなく，家の間取りや構造も大きく変わり，異界や何かの神の存在を思わせるような空間は，現代日本の住まいからは姿を消した。それに加え，電車，ホテル，会社，その他およそあらゆる空間において，除菌，抗菌，清潔志向が浸透している。家の玄関に芳香剤，ホテルに消臭剤，トイレに芳香剤や

消臭剤。ドラッグストアやスーパーには驚くほど多くの関連商品が並んでいる。大便のにおいはもちろんのこと，汗，体臭，口臭，部屋やトイレのにおい，生ゴミのにおいなど，およそ人間の体や食べ物といった有機体・有機物から当然発生するにおいが，徹底的に忌避され，除去される傾向にある。無臭であることが清潔の証，衛生的であることの証明のようで，電車の吊革，ドアのノブ，洋式トイレの便座など，何かの菌を怖れる人々は異様ではなくむしろ普通なのだという見方もある。まさに「清潔の近代」である。

　こうして，清潔，衛生の観念が醸成され，広がっていくが，「清潔で衛生的」な日本においても，解決されずに残っている問題がある。それは，子育てとうんちの問題である。[9]

子育てとうんち

　おしっこやうんちのことを子どもにどう教えるかは，子育てにおいて今なおとても重要なことがらである。とくに，水洗トイレの普及により，多くの人々にとってし尿は瞬時に水で流して自分の視界から消えていくものとなっている。親になるまでは，自分のし尿のことはほとんど考えずに生活してきた人たちが，親になった途端，し尿と向き合うことになる。

　子ども向けの絵本には，睡眠，はみがき，ごはんなどと並んでうんちのことを描いたものが多い。乳幼児期の子育てにおける基本的生活習慣の確立は，その子が生きていくうえでとても大切だと考えられているからだろう。親たちは，子どもにそうした本を読み聞かせながら，自分自身もうんちに対する認識を新たにすることも多いようだ。

　たとえば，五味太郎の『みんなうんち』（福音館書店，1981年）は，うんちの絵本の中で「不朽の名作」とされている。動物たちのいろいろなうんちを見ているうちに，生き物は食べるから，みんなうんちをするんだね，私も僕も，ご飯を食べたらうんちが出るんだ，とわかる内容である。

　きむらゆういちの『ひとりでうんちできるかな　あかちゃんあそびえほんシリーズ４』（偕成社，1989年）も，小さな子でも楽しめるしかけが人気の絵本で

ある。絵本で遊びながら，おむつからおまるへ，おまるからトイレへとトイレの使い方も含めて，楽しく読み進めることができる。

　村上八千世作，せべまさゆき絵の『うんぴ・うんにょ・うんち・うんご——うんこのえほん』(ほるぷ出版，2000年)もおもしろい。どんなうんちが出たかで体の調子がわかるんだということが，楽しく学べる。うんぴ(下痢便)・うんにょ(軟便)・うんち(快便)・うんご(硬便)。親子で今日のうんちはどれ？と自然に会話がなされ，トイレに行くのが楽しくなる。

　イスラエルの絵本作家アロナ・フランケルの『うんちがぽとん』(さくまゆみこ訳，アリス社，1984年)は，主人公まあくんがおばあちゃんからおまるのプレゼントをもらうお話である。このおまるにおしっことうんちをしようね，上手にできるかな，ゆっくりゆっくり頑張ってねとやさしく声をかけられながら，おまるでうんちができるようになる様子を描く。絵本を読んでもらう子どもたちが，自分のうんちをトイレに流すとき，「おしっこばいばーい，うんちばいばーい」とうれしそうに声をかけることも多い。

　うんちは汚いことを教えなくてはいけないが，汚いもの一辺倒ではなく，うんちは大切なこと，大切なものという教えも必要である。その際，親の認識も問われている。人間という存在を動物のひとつとして正しくとらえること，また，食べたものが自分の体の中でどのように栄養となっていくのかを親がきちんと意識できているか。食べるという行為から排泄という行為までが自分の体を通してひとつながりのもの，ひとつの流れであることを，私たちはどこまで意識化できているか。

　私が食べたもので体ができる，残りカスがうんちやおしっことして体の外へ出ていく，だから，臭いし汚いけれど，同時に大事なことなんだということを子どもに教えることの重要性は，時代や国を超えて普遍的である。実際，子どもが生まれてから，子どものうんちやおしっこだけでなく，自分自身の大小便をきちんと見るようになったと言う人は多い。人は，認識が変われば行為も変わる。認識が変わる契機となっているのは，そのモノをよく見ることにより本質や特徴を掴むことである。ここでは，わが子のうんちやおしっこをちゃんと

見て，本当の意味で清潔にしてあげるという行為を積み重ねることである。

意識としくみの相互連関性

　本章で紹介した長崎県壱岐市内4町のし尿処理場は，それぞれ異なるしくみをもっていた。石田町の処理場のみ，人糞尿と牛糞を一緒に処理し，固形肥料や液肥を生産する機能をもったため，石田町ではし尿の再資源化への道が整った。つまり，人と牛の糞尿を田畑の肥料として再び活用できることになったのである。

　これは，当時の石田町の町長が宮崎県綾町の町長（照葉樹林と自然循環型農業の町づくりを強力なリーダーシップで進めた，郷田実）の考え方に大きな影響を受け，人と牛の糞尿を廃棄物ではなく資源として活用したい，とさまざまな検討を重ねた結果であるとされる。[10]

　これにより，石田町の農家のし尿に対する認識は，「厄介もの」から「貴重な資源」へと変化した。これと合わせて，有機物による土づくりの重要性や農業のあり方に関する見直しも広がりつつある。石田町の処理場は，持続可能な社会を目指す環境に優しい施設であるとして，農家だけでなく町民や町職員も自慢するものとなっている。

　石田町とそれ以外の3町民たちのし尿に関する意識には，何か大きな違いがあったのだろうか。3町の農家や町民たちに「貴重な肥料」という認識がなかったわけではない。肥料になりうるという知識はあってもそれを具現化するシステムがないために，知識のままでとどまっているのである。石田町民からは「また昔のように肥料に使わるるごとなってよかった」，海洋投棄している勝本町民からは「海に捨ててもったいない。運ぶ船の油代ももったいない」，処理だけにとどまる郷ノ浦町については「処理のお金がもったいない。どうせお金がかかるなら，石田と芦辺のように肥料に変わるごつ処理すればよかとに」などの声がある。こうしたなか，壱岐島の4町合併構想とともに，島全体で人と牛の糞尿や生ゴミ（住民と事業所の両方）を一緒に処理して肥料と燃料を生産できるようなシステム構築が構想されていった。

平成の大合併によって，壱岐島でも2004年3月1日，旧4町（郷ノ浦町，勝本町，芦辺町，石田町）が新設合併で1つになり，壱岐市が誕生した。この合併を契機に，人と牛の糞尿や生ゴミ（住民と事業所の両方）を一緒に処理して肥料と燃料を生産する，より進んだシステム構築の実現が期待されていた。しかし，2017年4月時点で実現に至っておらず合併前からの郷ノ浦町浄化センター，芦辺町自給肥料供給センター，石田町自給肥料供給センターの3つが今も稼働している。今後の展開が注目される。

4　し尿を私たちの視界に入れることから

　清潔で快適な水洗トイレは，近代化の恩恵のひとつの象徴である。し尿がどう処理されてきたか，し尿と人の関係史からは，近代化が私たちに及ぼした影響を見ることができる。し尿が視界から消えたことで，私たちには見えにくくなったもの，考えることをしなくなったことなどがある。
　水洗トイレと下水道のシステムは，高度に集中管理された生活基盤施設のひとつである。ふだんはその恩恵に気づくことはなく，同時にその一極集中ゆえの脆さにも気づいていない。
　しかし，いったん地震その他，大きな災害が起これば都市生活を支えるインフラは壊れ，し尿処理システムが抱える脆弱性も一気に露わになる。災害時のトイレをどう確保するか，近年ようやく防災計画のなかで注意されはじめてはいる。テント式の簡易トイレ，マンホールの上にトイレを設置したマンホールトイレ，携帯用トイレなどである。ただ，これらは集中化・大規模化・効率化を基本とする現在のしくみを補完するものであり，しくみを問い直すものではない。
　もし，もうひとつのし尿処理システムのあり方として，多極化・小規模化・個別化されたシステムおよび物質循環を取り戻すことをもっと広げることができれば，私たちの暮らしは大きく変わる可能性をもつ。長崎県壱岐島で1990年代後半に構想されていた，人と家畜の糞尿や生ゴミを一緒に処理し，肥料とエ

第 8 章　これまでし尿はどう処理されてきたのか？

ネルギーの両方を生み出すシステムは，自然エネルギーの創出や普及そして廃棄ではなく資源としてのリサイクルの環を創出するという意味において，私たちの生活を根底から考え直す契機になりえる。

　また，し尿の農地還元をあたりまえとしていた頃のように有機質を最大限に活用する考え方は，有機農業のさらなる普及，都市農業の意義，近代農業のオールタナティブなど，大きな可能性をもっている。食と体とし尿を結びつけて考えることで，農業がもつ物質循環性や人が自然とどうかかわるか，身体性の喪失とその取り戻しが意識化されるかもしれない。それによって，化学化・大規模化・単作化・効率化が極度に進められた現代農業の歪みも見えてくることだろう。

　し尿を私の視界に入れることから，私たちの社会や暮らしのありようの再考は始まる。

 読書案内

小野芳朗，1997，『〈清潔〉の近代――「衛生唱歌」から「抗菌グッズ」へ』講談社。
　明治以降の日本において，国家主導の「清潔」志向がいかに国民のあいだに普及浸透していったか，また，富国強兵政策と「健康」観念との結びつきなどが明らかにされている。「清潔な日本」を生きる私たちの思考にゆさぶりをかけてくる。

屎尿・下水研究会，2016，『トイレ――排泄の空間から見る日本の文化と歴史』ミネルヴァ書房。
　日本のトイレと世界のトイレの比較，江戸近郊における下肥流通のしくみ，下水道の建設と水洗トイレの普及など，トイレに関する歴史的文化的研究成果がわかりやすくまとめられている。

渡辺善次郎，1983，『都市と農村の間――都市近郊農業史論』論創社。
　都市近郊農業の歴史的変遷を通して，都市近郊農業の現在に迫ろうとした本である。近世都市の発展と近郊農村の関係，都市における野菜の需要と供給のしくみ，都市下肥の利用構造などを理解することができる。

注
(1)　水洗化人口とは，公共下水道人口と浄化槽人口を足したもののこと。データは，

2017年4月19日閲覧の，環境大臣官房廃棄物・リサイクル対策部廃棄物対策課（2017）による。
(2) 近世における下肥利用の展開については，渡辺（1983）に詳しい。
(3) 盆念仏とは，お盆の時期にムラの成人男性4～5名ほどでムラ内の各家々を回りお経をあげるもの。先祖に感謝し，新しい死者を悼むために行われた。ただ，その大半は1960年代，高度経済成長にともなう急激な社会変動の下，消失した。
(4) ウシモエとは，牛舎を立てる場所がない半農半漁村の人々が，自分が購入した牛を農家へ預けておき，農繁期など必要なときにのみ連れて来て使用する慣行をさす。預かっている農家は日常的にはその牛の世話をすることになるが，牛の購入資金は不要であり，ふだんは自由に使うことができた。
(5) 有機農業を行っている農業者の中には，付加価値がついて経済的に高く売れるから，と経済性を第一に考える人もある。
(6) 聞き取りでは明治30年代生まれの男性が郷ノ浦町で1954年（昭和29）頃に始めたのが，壱岐の汲み取り業の始まりだったとされている。その後，その男性の子どもや親戚などがそのノウハウや汲み取りの範囲（なわばりのようなもの）をうまく受け継ぎ，会社化して現在に至っている。
(7) 1994年10月の聞き取り。
(8) 2010年，歌手植村花菜による楽曲「トイレの神様」が大ヒットし，同年12月30日の第52回日本レコード大賞で優秀作品賞および作詞賞を受賞，同年12月31日の第61回NHK紅白歌合戦にも出場した。ただ，ここでいうトイレの神様はトイレをめぐる世界観の復活というよりは，植村自身の亡き祖母との思い出の中のエピソードにとどまる。
(9) 乳幼児のケア以外でも，障害児・者や要介護の高齢者のケアにおける排泄介助の問題はあるが，ここでは問題が複雑になるため，乳幼児のケアのみを対象とした。
(10) 1998年調査における町役場職員からの聞き取り。

文献
藤原辰史，2017，『戦争と農業』集英社インターナショナル。
飯島吉晴，1986，『竈神と厠神——異界と此の世の境』講談社。
井之口章次，1980，「産神そして厠神」『日本民俗学』130：1-11。
環境省大臣官房廃棄物・リサイクル対策部廃棄物対策課，2017，「環境省廃棄物処理技術情報　廃棄物処理の現状と化学研究」（http://www.env.go.jp/recycle/waste_tech/ippan/，2017年4月19日閲覧）。
倉石あつ子，2000，「べんじょがみ　便所神」福田アジオほか編『日本民俗大辞典』（下）吉川弘文館。

野中良祐, 2017, 「記者有論　避難所の排泄問題　災害時のトイレを語ろう」『朝日新聞』2017年4月19日朝刊。
小野芳朗, 1997, 『〈清潔〉の近代——「衛生唱歌」から「抗菌グッズ」へ』講談社。
屎尿・下水研究会, 2016, 『トイレ——排泄の空間から見る日本の文化と歴史』ミネルヴァ書房。
靍理恵子, 2002, 「し尿と人の関係史——し尿をめぐる認識の変化と社会システムの生成過程」『吉備国際大学社会学部研究紀要』12：61-73。
靍理恵子, 2015, 「6次産業化と農的自然——身体性を取り戻す」西日本社会学会編『西日本社会学会年報』13：33-46。
渡辺善次郎, 1983, 『都市と農村の間——都市近郊農業史論』論創社。

第Ⅲ部　他者としての環境

第9章 環境と観光はどのように両立されるのか？

野田岳仁

POINTS

(1) 私たちの暮らしに身近な自然が観光に利用されるようになっている。だが，地域社会はその是非をめぐって葛藤を抱え，観光事業が停滞するケースも少なくない。

(2) 従来の観光研究では，観光のあり方をめぐって地域社会が葛藤を抱えたり，観光事業を受け入れない要因を観光客のマナーの悪さや観光の経営上の問題に求めがちであるが，地域社会が葛藤に悩むのは，人々の手の入った「自然」の扱いをめぐってローカルなルールを破ることがあるからである。

(3) 地域に現存する湧水や洗い場はただ自然発生的に水が湧きだした場ではなくて，地元の住民によって組織的に管理された社会的な資源である。そこで作動するローカルなルールを守ることが必要である。

(4) 環境と観光の両立を考えれば，地域住民の環境利用を断ち切らないことが観光の魅力につながる。地元住民が保持する自然を利用する権利は，自然を管理することで付与されるものだから，自然の利用権と管理義務は決して分離できないものである。

(5) 自然の利用と管理をめぐって地元の人たちのあいだで共有されてきたローカルなルールを観光にも適用させることが観光地の俗化を防ぐ防波堤にもなる。すなわち，"マナーを守る観光"ではなく，"ローカル・ルールを守る観光"を要請していくことが環境と観光の両立の道筋となる。

KEY WORDS

アクアツーリズム，コモンズ，自然の利用権と管理義務，ローカル・ルール

第Ⅲ部　他者としての環境

1　観光のターゲットになる身近な環境

　"環境"と"観光"というテーマを聞いてなんだかピンとこない方もいるのではないだろうか。しかし，環境と観光は密接なかかわりをもち，きわめて現代的なテーマのひとつだといえる。私たちを取り巻く環境は次々と観光のターゲットになりはじめているからだ。
　環境といってもいろいろある。各章でみてきたように，生活環境，自然環境，歴史的環境とさまざまである。そんななかでも，本章では自然環境に焦点を当てる。私たちの暮らしに強く影響を与えつづけてきたのが自然環境だからである。そのうえで，自然環境を活用した観光として，近年脚光を浴びている水資源に絞って考えてみたい。水というのは，私たちの暮らしにとってもっとも身近な自然であるからだ。言うまでもなく，私たち人間は水がないと生きていけない。水の恵みなしに生業も生活も成り立たないほど身近な存在である。
　農山村地域に暮らす人はもちろん，都市に住んでいる人にとっても身近な自然といわれれば川があげられるだろう。川は歴史的にみても観光になじみのある空間である。たとえば，京都の鴨川は京都を代表する観光スポットのひとつである。江戸時代の観光案内書として知られる『都名所図会』（1780年）でも鴨川は紹介され，訪れる者を魅了しつづけた場所のひとつであった。それは現在も変わりはない。鴨川は国内外のたくさんの観光客でにぎわっている。若者たちが河川敷に等間隔で座る光景は風物詩にもなっているくらいだ。鴨川ほど有名でなくとも，私たちにとって川は身近な自然でもあると同時に，観光に結びつきやすい自然の典型なのである。
　川は河川法という法律において「河川公物」と規定されているように，公＝みんなのものという空間である。したがって，不特定多数の人々の利用を前提とした開かれた空間である。ところが，いま密かに観光客の関心を集めているのは，本来公開されることがなかったプライベートな水辺空間である。人々の台所や洗い場までもが観光のターゲットになっているのである。図9-1, 図

第9章　環境と観光はどのように両立されるのか？

図9-1　少年の利用するうちぬき
出所：筆者撮影

図9-2　地域住民と観光客が共存する洗い場
出所：筆者撮影

9-2をみてみよう。

　驚いたかもしれないが，日本にはこのような風景が未だ残っている。図9-1は愛媛県西条市の水場である。調査先で出会った少年がお気に入りの水場まで案内してくれた。彼は登下校時にはこのスタイルで水を飲んでいるのだとみせてくれた。たまにランドセルのロックを閉め忘れて教科書を水没させてしまうそうだ。

　愛媛県西条市ではこのような自噴井戸は"うちぬき"と呼ばれ，市内には2000〜3000ヶ所あるといわれている。西条市は市街地でありながら上水道システムを整備していない自治体として有名で，人々は伝統的にこのようなうちぬきを地域単位や個人単位で整備して生活に利用してきた。現在もそれが維持管理され，貴重な観光資源にもなっている。1985年には，環境庁（現環境省）の名水百選にも選定され，名水を求めてたくさんの観光客が訪れるようになっている。このように地元の名水を観光資源とした観光実践は"アクアツーリズム"[1]と呼ばれるようになっている。

　図9-2は，富山県黒部市生地地区の洗い場の風景である。洗い場は清水と呼ばれ，地元の人々の洗濯場として利用されている。まるで昔話のようだが，地元の婦人たちは洗濯をするために水場にやってくるのだ。

　この写真のように，地域社会における水場はいつの時代も人々の共同生活の

中心にあった。地域の人たちは飲み水を汲みに何度もやってくるし，女性たちは食事の準備に野菜を洗ったり，魚をさばいたりするし，洗濯をするときもある。人々の社交場であり，にぎやかな空間だったのである。この清水を利用する婦人の自宅にはもちろん洗濯機はある。それでもなぜこの水場にやってくるのかといえば，「ここに来れば，誰かに会えるから」と話してくれた。この水場は観光客にも開放されており，1日にのべ105人もの利用者があるという（斧澤・吉住・鈴木ほか 2008）。本来は開放されることのなかった地域の水場が観光客を引きつける観光資源になっているのである。

　図9-2の水場は地区のなかでも観光客にもっとも人気のある清水のひとつである。観光客にその理由を尋ねると，この水場は地元の人たちがよく洗濯をしていてとても魅力的なのだという答えが返ってきた。地元住民に大切に管理されているのがわかるから，水の味もなんだか特別おいしく感じるのだとも語ってくれた。

　黒部市では名水を活かしたまちづくりに力をいれており，駅前や公共施設には湧水施設がつくられて誰もが自由に水を汲むことができる。公共空間にあるこれらの水場は，観光客が気軽に水を汲むことができるように新たにつくられたものである。地域のなかにある水場は近隣住民の生活空間だから，観光客とトラブルにならないようにいわば観光客用の水場をつくったのである。地元の生活に配慮するために，地元住民と観光客とがかかわる時間と空間を区別することは観光の現場において広く用いられる方策である（橋本 1999）。

　ところが，公共空間にある水場は，もちろん地元の利用者は皆無だが，観光客の利用もほとんどなく閑散としている。どうやら観光客にとっては，地元の住民に大切に管理されていることが観光の魅力として重要な要素となってくるらしい。たしかに閑散としている水場よりは，地元住民の利用の盛んな水場に行ってみたいと思うのは当然だろう。だとするならば，地元住民の環境利用と観光客による利用とがうまく噛み合っていることがアクアツーリズムという新しい観光の魅力を醸成することになるのかもしれない。

　そこで本章では，アクアツーリズムという新しい観光実践を題材として，環

第9章　環境と観光はどのように両立されるのか？

境と観光はどのように両立できるのかを考えてみよう。ここでいう「環境」という言葉には，保全された環境というニュアンスが入っている。観光客がわざわざ訪れる価値のあるものでなければならないからだ。もうひとつの「観光」とは，環境を観光資源として観光客誘致に取り組むことを意味する。すなわち，地元の人たちに大切に管理されている自然環境を活用して，観光に取り組むにはどのようにすればよいのかを考えていく。

2　観光客による舞台裏への関心

ところで，なぜ本来ならばプライベートな空間である水場に人は興味をもつようになったのだろうか。そこには多様化した観光と観光客の関心の変化が関係する。

そもそも私たちはなぜ観光にでかけるのだろう。この答えは2つある。ひとつは，何か新しいことを知りたい，見たい，経験したいという前向きな目的。もうひとつは，日常生活に疲れて心も体もリフレッシュさせたいというやや後ろ向きな目的。観光の動機はこのどちらかにあてはまることだろう。たとえば，友人がインスタグラムなどのSNSにアップした美しい風景をみて，ああ，自分もどこかに行きたいなと思ったり，あるいは何か嫌なことがあったとき気分転換にふらっと観光にでかけた経験のある人は少なくないだろう。

2つの目的は互いに真逆の方向を向いているようにみえるが，じつは共通点がある。それは，"非日常性"を追求するのが観光だということである（Urry 1990＝1995）。観光に新しい発見や刺激，あるいは癒やしや安らぎを求めるのは，日常生活とは異なる経験や体験をしたいと考えるからだ。

この非日常性を追求する欲求はとどまることを知らない。観光客はどこにでもあるような大衆的な観光地にはもう飽き飽きしているからだ。誰もが知る富士山や金閣寺といった名所，誰もが一度は行ったことのあるような遊園地やレジャー施設ではもう満足できなくなっている。友人がまだSNSに投稿していないような隠れた観光地や限られた人しか入り込めないシークレットなスポッ

ト。遊園地で誰もがみられるショーをみるよりも，演者の控室や舞台裏といった普段公開されることのない空間をひと目みたいという欲求にかられるようになる。つまり，今までの公開を前提とした表舞台にあるような観光スポットではなく，舞台裏にあるような空間こそが新しい観光のターゲットになるのだ（MacCannell 1999＝2012）。

　本章でとりあげる水辺空間でいえば，地元の人たちの暮らしの根底にあって，本来見ることのできないような住民の台所や洗い場といったプライベート空間だからこそ，観光客は訪れる価値を見出しているのだ。

　そうなると，そこには悩ましい問題がまとわりつくことが想像できるだろう。すなわち，そんなものみせたくないよという個人的な感情や各家の判断を超える問題が横たわるようになる。いったん私たちの暮らしに身近な自然が観光の対象とされれば，その所有者だけでなく，近隣住民や地域社会も必然的に巻き込まれるということである。

　悩ましいことに地域社会は決して一枚岩ではない。観光を契機にひと儲けしようと考える人，地域活性化を企てる人，静かに暮らしたいと観光に反対する人，まったく無関心な人，多様な人たちが暮らしている。地域の自然を活用して観光に取り組もうとすれば，このような多様な意見をもつ人たちが納得して受け入れられる観光のあり方を模索していく必要がある。

　けれども，現実には地域社会に受容されることはとてもむずかしい。現場ではしばしば地域社会が葛藤を抱えこんでしまうからである。とりわけ深刻なことは，葛藤を抱えた結果，地元住民が観光資源となっていた自然の利用をやめてしまい，観光地としての魅力を失ってしまうことにある。なぜ住民は自然が観光資源化されると利用をやめてしまうのだろう。では，どのようにすれば住民の利用を失うことなく，魅力ある観光地になることができるのだろうか。本章では，環境と観光の両立をこのように分解して考えていこう。

3 コモンズを支えるローカル・ルール

人々の手の入った自然とは

　自然を観光資源に活用した現場の多くでは地域が葛藤に悩んでいる。なぜ地域社会が葛藤を抱えることになるのだろうか。これまでの観光研究が前提としてきた観光客のマナーの悪さや観光の経営方針の相違が原因なのではない。観光の対象が「自然」だからである。

　環境社会学が扱う「自然」とは，自然科学で扱われるような手つかずの自然ではなく，人々の手が入った自然である。人々の手が入っているというのは具体的にどういうことなのだろう。先の図9-2の清水の例をあげよう。

　この水場は，一見するとただ水が湧きだしている自然資源のようにみえるかもしれない。だが，実際には地元住民で結成された洗い場管理組合という組織のもと，利用と管理をめぐるローカルなルールによって維持されており，その意味で社会的な資源と呼べるものである。

　図9-2ではややみづらいかもしれないが，この洗い場はステンレスの水槽が5層連なっている。奥側は地下から水が湧き出す水源である。それぞれの水槽は利用用途によって使い分けがなされている。飲み水に利用する水槽は1番上（写真奥）である。野菜やジュースを冷蔵庫代わりに冷やすのは1番と2番目の水槽である。写真でも2番目の水槽には白いカゴに入れてジュースが冷やされている。洗濯には5番目の水槽を使い，すすぎ洗いをする際には3，4番目の水槽を使う。つまり，上流はきれいなものに使い，下流は汚れのあるものに利用することが原則なのである。魚をさばく場合は水源の湧出口をクルッと180度回転させ，反対側の水路に排水するようになっている。これが利用のルールである。

　それに対して管理のルールはこうだ。組合員は毎週土曜日の朝8時から30分ほど清水の掃除を行う。掃除は義務であり，掃除当番は3戸から1人ずつ3人1組で行う輪番制をとっている。掃除のやり方にも作法があってステンレス槽

に藻が張り付くことがないようにピカピカの状態に保つ必要があるという。1週間の終わりに差し掛かると，藻が張り付くこともある。そうすると今週の当番は手抜きだったのではないかと冷やかされることもある。掃除の腕は人物の評価にかかわるようなところがあるから気が抜けないという。

　このようなルールや規範があるからこそ，長年にわたって，水場の水質と水量が保たれてきたと理解できよう。人々の手が入った自然とは，このような自然をいう。勘の鋭い人は，この清水は第3章でいうところの"コモンズ"なのではないかと思ったかもしれない。その通り，コモンズの典型といえる。

自然の利用権と管理義務

　私たちはふだん上水道というサービスを受けて生活している。水は商品であるから水道料金を払っている。つまり，上水道を利用する権利をお金で買っているとも言い換えることができる。では，この水場の使用料はいくらかというと無料である。もっとも組合員は，組合結成時に地下水の掘削とステンレス製水槽の費用を初期投資しているが，それ以降は水場の維持にかかわる費用は徴収されずに運営されてきた。水そのものは無料なのだ。そうすると，この人たちはお金を払うかわりに，この水を利用する権利をどのように確保しているのかという疑問がわいてくる。観光客に開放されるまでは誰もが利用できるわけではなかったからだ。

　その答えは先にみた利用と管理のしくみにある。掃除は組合員の義務である。この清水を利用する権利は，掃除という「労働」を投下することによって付与されているとみなすことができる。誰から権利付与されているかといえば，管理組合の組合員全員からの承認があってはじめて与えられる。いわば，この利用の権利と管理の義務はセットになっているのだ。掃除をサボり続ければ当然，利用する権利は剥奪される。これも清水のローカルなルールのひとつといえるだろう。

　環境と観光の両立を考えようとすれば，このような性質を内包した「自然」を扱うことを心得ておく必要があるだろう。さもなければ，水場の管理のしく

みが崩れることになって魅力のない水場に変貌してしまうことにもなりかねないからだ。このような自然が観光資源化されれば，ローカルなルールに抵触することになって地域社会が葛藤を抱えることは容易に想像できるのではないだろうか。

ただ，このローカルなルールは，国家の法律のように明文化されたものでもないから，それを共有している地元の人たちでもうっかり見逃したり，気づかなかったりすることもある。ましてや外部の人はその存在すら知ることはない，そのようなルールだ。

なぜ地元住民の利用が失われるのか

別の例をだしておこう。名水のまちとして知られる東北地方のあるまちでも住民のコモンズである清水が観光資源に活用されている。地元の行政がこれを利用したアクアツーリズムに乗り出すにあたって，水場の掃除を清掃業者に担わせることにした。水場の管理組織が弱体化している地域が多く，観光客の利用が増加すれば掃除を担ってきた地元住民の負担になるからである。行政はできるだけ住民負担を軽減しようと，善意で清掃業者に委託することにしたのである。

その結果，驚くことに地元住民が誰も利用しない水場に変貌してしまった。水場は静まり返って草木に覆われたりしている。観光資源としての魅力を減じることになってしまったのだ。このまちを訪れる観光客数は右肩下がりで減っているし，地元住民は「なんだか利用しにくくなってしまった」と不満を口にする。いったい何が起こったのだろうか。

この水場においても地元住民の利用の権利と管理の義務はもともとセットだった。住民は日常的な掃除を担うことで利用権を確立させてきたのだ。行政がよかれと思って清掃業者に掃除を肩代わりさせたことによって，いつしか住民の利用権を奪うことになってしまったのである。住民も行政の善意がこのような事態を招くとは夢にも思わなかったという。行政の提案をありがたいと受け入れていたからである。このようにみれば，環境と観光を両立するには，住民

による自然の利用権を奪うことなくどのように観光客にコモンズを開いていくのかが問われていると言い換えることもできるだろう。

ただしこのような利用権の存在は，それを共有する集団にとっても必ずしも自覚された絶対的なものではないことにも留意しておく必要があるだろう。ルールに抵触したり，破られそうになってはじめて立ち現れる，そんな性格をもっているからだ。

現場で作動するこのようなローカルなルールは，ただただ厄介で面倒な存在のようにみえるかもしれない。事実として観光を停滞させる要因のひとつになっているではないかと。しかし，逆の見方をすれば，こうしたローカルなルールを守り，観光に活かすことができるならば，魅力的な観光地をつくりあげることもできるはずである。

4　観光地の俗化をどのように防ぐのか

アクアツーリズムに限らず，観光に取り組む人々は観光地の俗化をどのように克服すればよいのか，悩み続けている。観光地の俗化というのは，地域の個性を失ってどこにでもあるありふれた観光地に変貌してしまうことをいう。

ありふれた観光地では観光客をターゲットにした施設や店舗が建ち並ぶ。アイドルショップ，占いの館，健康食品販売店，チェーン店などは，本来その地域とは縁もゆかりもない。たしかにこれらのお店は観光客にとっては便利であるかもしれない。しかし，観光客はこの見慣れた光景をあえて旅先でもみたいとは思わないほどに成熟度を増しつつある。どこでもみられる風景はどこか陳腐にみえて次第に飽きられてしまうのだ。観光客はその土地でしかみられない非日常性を追い求める傾向にあるからだ。

観光に取り組む人々は，他にはない個性ある観光地づくりを目指している。けれども，ついつい集客を追い求めがちだし，観光客に便利なものを提供したいという好意が働いてしまうことで，いつしか観光客に迎合したありふれた観光地に変貌してしまうのである。アクアツーリズムについていえば，どこでも

あるようなモニュメント的な湧水施設ばかりでは，とても魅力的とはいえないだろう。では，どうすれば観光地の俗化を防いで個性ある観光地をつくりあげることができるのだろうか。

　ここではアクアツーリズムの先進地として知られる滋賀県高島市針江集落の事例をとりあげよう。針江集落は，琵琶湖の北西部に位置する小さな湖畔集落で，魅力あふれる地域づくりに取り組んでおり，年間１万人近い観光客が訪れている。

コミュニティビジネスとしてのアクアツーリズム

　滋賀県高島市針江集落は市内を流れる安曇川の扇状地であるため，古くから水が自噴し，人々はそれを「生水(しょうず)」と呼んで家の中に引き込み，「カバタ」と呼ばれる湧水施設（台所）を設けて各戸で生活用水として利用してきた。現在は集落に約170戸660人が暮らし，その内の110戸でカバタが利用されている。

　「カバタ」には２，３の水槽が連なっており，それぞれが用途によって使い分けられる（図9-3）。水の湧き出す水槽は「モトイケ」と呼ばれ，飲み水，炊事，洗面に使う。２番目の水槽は「ツボイケ」と呼ばれ，すすぎ洗いや野菜の冷蔵に利用される。３番目の水槽は，「ハタイケ」と呼ばれ，汚れものの洗い場となる。ハタイケにはコイが放されており，料理に使った釜や鍋をドボンと漬けておくとコイが米粒などを食べてくれて，水を汚さないしくみとなっている。観光客はこのカバタを目当てに集落にやってくるのである。

　針江集落には，カバタをはじめとする集落の水資源を管理する組織が２つある。ひとつは自治会組織である「針江区」で，年に一度の全戸参加の溝掃除と年に４回ある集落内を流れる針江大川の清掃活動を指揮する。もう一方は，2004年に結成された「針江生水の郷委員会」という組織である。集落住民だけで構成された，いわば集落型 NPO である（以下，NPO と表記）。自治会で担いきれない環境保全活動や地域の課題への対応を行っている。

　この NPO が設立されたきっかけは地域の課題に対応するためであった。2004年に針江集落のカバタが NHK の番組で紹介され，多くの人々が集落を訪

図 9-3 針江集落のカバタ
出所：筆者撮影

れるようになった。カバタは住民の台所であるため，見学者とのトラブルを解消するのに NPO はカバタの「見学ツアー」を考案したのである。見学ツアーはガイドボランティアがついて10軒ほどのカバタを案内する。見学者１人につき1000円の料金をとり，年間で1000万円近い売り上げを誇る。それらの利益は集落の生活保全や環境保全の活動に充てられている。針江集落のアクアツーリズムは地域の課題を引き受けるかたちではじめられたコミュニティビジネスなのである。[2]

　NPO による対応は，観光という形態をとっているものの，地域を守るための活動として外部からは評価できるものである。ところが，住民からはなかなか理解を得られなかった。住民からみれば，NPO の取り組みは，お金儲けを目的としたいわゆる観光ビジネスをしているようにもみえたからだ。決して表立った意見ではなかったが，NPO が運営するアクアツーリズムをめぐって NPO 側と自治会を含めたその他の住民とのあいだで葛藤を抱えるようになってしまったのだ。その原因は，NPO の活動が地域の水資源をめぐるローカルなルールに抵触してしまったことにある。

水資源をめぐるローカル・ルール

　住民からの理解が得られていないと感じはじめた NPO は住民の声に耳を傾

けるようになる。住民からは，観光の対象となっているカバタはNPOがつくったわけではなく集落の住民が手を入れつづけてきた自然なのに，それらを使ってあたかもお金儲けをしているようにみえることが問題視された。

　NPOはもちろんお金儲けをしているのではなく，そのような誤解を受けたことで，活動によって得られた経済的利益を集落に還元していくようになる。その還元先として，住民全員の利益になるように区の公民館や老人会にコピー機やエアコンを寄贈したり，祭りや運動会といった区の行事に差し入れしたりするなど集落の平等性に配慮がなされた。地域社会は平等性が原則である。NPOによる利益還元の手続きは，暮らしのルールを守った対応として評価できるものだ。これらは本来，住民の自治会費から算出されるべきものであるが，それらを肩代わりすることで活動への理解が得られるように試みたのである。

　このような地域貢献は賞賛されるべきことのようにみえるのだが，住民の理解を得るどころか，むしろ批判を受けることにもなってしまった。なぜだろうか。この住民からの批判を理解するために，集落における水資源の利用と管理のルールをみていこう。

　カバタは飲み水や生活に利用するために1戸につき1つ設置することができる。ペットボトルに入れて水を売るといったような商業目的でカバタを設置することは許されていない。

　カバタは水路を通じて両隣の家のカバタとつながっている。上流にあるカバタからの排水は水路を通じて下流のカバタにも流れるため，下流の人に配慮して利用するのが当然のことであった。

　管理については，先にも述べたように集落では自治会行事として，年に一度の溝掃除，年に4回の針江大川掃除への全戸参加が義務づけられている。針江大川とは各家のカバタの排水が最終的に流れこむ川である。人々はこれらの掃除の義務を果たすおかげで各家のカバタが無事に利用できていると考えている。すなわち，集落の水資源はそれがいくら私有地内に湧きだしていようとも，所有者が勝手気ままに利用できるわけではない。私有物なのではなくて，集落のコモンズなのだ。つまり，ここでも自然の利用権と管理義務のセットというロ

ーカルなルールが作動しているのだ。

　このようにみれば，なぜNPOによる利益の還元が批判の対象となったのか理解できるだろう。NPOによる見学ツアーは，観光客による新たな資源利用の機会をつくりだしている。だが，集落のルールにしたがえば，お金を払ったからといって決して利用が許されるわけではなかった。カバタの利用は管理を担ってこそ許されるものだからである。もちろんNPO側としてもこのルールを重々承知していたのだが，まさか自分たちの活動が批判されるとは思いもよらないことであった。

　住民からの批判を真摯に受け止めたNPOでは，率先して集落の水資源の管理を担っていくようになった。針江大川最下流部の小さな内湖は，人手不足で長らく掃除が行き届いていなかったため，水草が水面を覆うほど繁殖していた。NPOではこの内湖の掃除を担うことを決めた。ただ，NPOだけでは人手が少ないため，外部からのボランティアを募集することにした。せっかくボランティアを募集するならばカバタもみてもらおうと，見学ツアーをセットにして企画した。参加費は見学ツアーの費用を考慮し，有料としたが，瞬く間に100人もの参加者が集まった。

　ところが，この対応についても住民からは批判の声があがった。住民からは「オレたちはイヤイヤながら川の掃除をやるのに，お金を払ってまでやりたい人がいるなんて信じられへん。それなら全部を外部の人たちにやってもらえ」と。NPOはこの声を耳にして，これはマズイと思ったという。なぜなら，針江大川の掃除は集落住民全員の仕事のはずだからである。いくら善意とはいえ，外部者を交えたNPOによる掃除は，水資源の利用と管理のルールを破ることにもなってしまう。NPOによる善意は，集落の水資源をめぐるローカルなルールを破る行為として批判されることになってしまったのである。

　NPOはその後，これらのルールを守ったうえで，それまで関係が良好とはいえなかった自治会とも協力して地域に貢献していく活動に乗り出していく。水路にコイを放ったり，水路脇にプランター花壇を設置したり，荒廃する竹やぶの保全活動をしたりなどである。それらはありふれた周辺的な活動にもみえ

るが，集落の水資源をめぐるローカルなルールを理解したうえでの地域貢献活動として住民から次第に高く評価されるようになった。これらのルールを守る取り組みによってはじめて，NPOによる見学ツアーもお金儲けを目的としたものではなく，集落を守る活動なのだと理解されるようになっていった。このようにしてアクアツーリズムは地域社会に受容されるようになったのである。

観光地の俗化の防波堤としてのローカル・ルール

　針江集落のローカル・ルールは観光地の俗化を防ぐ防波堤としても機能することになる。集落内にあるカバタはすべて私有地内にあり，所有者が生活に利用しているものであるから，観光客からもっと気軽に水を汲むことのできる場所がほしいと要望がたびたび寄せられていた。この観光用カバタの設置をめぐってNPO内で意見が分かれたことがあった。

　NPOの会合で，男性会員から観光用カバタをつくってはどうかと提案があった。たしかに観光客は気軽に水を汲むことができるし，カバタをみせることに協力してくれる住民の負担を減らすことができる妙案とも呼べるものであった。しかしながら，NPOの女性陣全員が大反対し，設置は見送られた。なぜだろうか。

　反対した女性陣の意見はこうだ。「カバタは神様が存在する神聖なものだから，むやみやたらにつくってはいけないのだと親から教えこまれてきた」。さらに，観光用カバタをつくることは「魚は食べるために殺すなら仕方ないけど，魚を遊びで殺すことはいけないこと」と同じ意味をもつのだという。これらの意見に男性陣は全員が「大切なことを忘れるところだった」と納得して観光用カバタの設置は見送られることになったのである。

　冒頭に述べたように，アクアツーリズムに取り組む現場の多くの地域では，観光客の利便性を向上させ住民の負担を軽減する措置として，味気ない観光用の水場が設置されることがしばしばある。しかし，観光客がそれを利用することはほとんどない。それらはたんに水の湧き出すモニュメントでしかないからである。観光用に施設をつくるという対応は，一見すれば最適解にもみえるの

だが，むしろ観光地の魅力を減ずることにもなっているのである。

それに対して針江集落は，紆余曲折しながらも，水資源をめぐるローカルなルールを守り，それを観光のあり方にも適用させることで観光地の俗化を防いできた。観光客からいくら要望されても土産物屋をつくったり，水を売ったりしなかった。ローカルなルールを参照しながら観光に取り組んできたからだ。

このようにみれば，現場で作動するローカルなルールとは，決して厄介な存在ではなく，むしろ観光地の個性を磨く武器になるものだといえるのではないだろうか。

5　地域のローカル・ルールを守る大切さ

本章では，環境と観光はどのように両立できるのかということを考えてきた。私たちの身近な自然はいま観光資源としての活用が強く期待される存在となっているからだ。ただし残念ながら，地域社会にすんなりと受容されることはまれである。地域社会はその是非をめぐって葛藤を抱え，観光事業が停滞することも少なくない。

従来の観光研究では，地域社会において観光事業が受容されない理由を観光客のマナーの悪さや観光の経営上の問題に追い求めがちであった。しかし，こんにち私たちが観光資源に活用しようとする「自然」とは，たんなる自然資源ではなく，地域の社会的な資源であるからこそ，地域は葛藤を抱えるのである。

それらはいまもなお地域のコモンズでもあり，その利用にあたってはローカルなルールが作動することがある。

環境と観光の両立を目指すうえで大切なことは，地元住民の環境利用を断ち切らないようにする必要があることである。本章で題材とした水場においては，人々が利用する権利と管理する義務は決して切り離すことのできないものであった。地元住民の利用する機会を奪ってしまえば，人々は管理しなくなるし，反対に，善意で管理を肩代わりしてあげても，人々は利用する権利を奪われたと判断し，利用をやめてしまう。忘れてはならないことは，地元住民の利用と

管理があるからこそ、観光客にとっても魅力ある水場になっているということだ。地元の人々に愛され、厳格なルールによって管理されてきた自然だからこそ、観光客を惹きつけ、魅了しているのである。

このような現場で作動するローカルなルールは、一見すると外部者からはとても見えにくいものであるし、当事者同士でもそれを見逃しそうになることもある。けれども、このようなローカルなルールを守り、それを観光のあり方にも適用させていくことが結果として観光地の俗化を防ぐことにもつながっていた。個性ある魅力的な観光地形成には、地域のローカル・ルールを活かすことがカギを握っているのではないだろうか。

21世紀は観光の時代といわれている。私たちの暮らしを取り巻く環境はどんどん観光資源として発見されていく傾向にあり、政策的には現場に暮らす人々に迷惑をかけることがないように観光客に"マナーを守る観光"が要請されるようになっている。だが、地域の自然を活用する観光に取り組むならば、マナーを守るだけでは不十分であることが理解できよう。自然の観光資源化が強く期待される現代だからこそ、現場で作動する地域の"ローカル・ルールを守る観光"こそが要請されているといえるのではないだろうか。

 読書案内

古川彰・松田素二編，2003，『シリーズ環境社会学4 環境と観光の社会学』新曜社。
環境社会学の立場から観光を論じた一冊。既存の観光研究とは一線を画し、現場に暮らす住民の立場から観光をとらえ直す視点はとても参考になる。地元の自然を活用した地域おこしやグリーンツーリズム、リゾート開発などの事例が多数紹介されている。

鳥越皓之，2012，『水と日本人』岩波書店。
生活環境主義の視点から描かれた水と人の文化史。水についての日本人の精神性や価値観、水利用のルールや組織・技術の分析を通じて、私たちと水とのかかわりがいかに多様で豊かであるかを教えてくれる。本章で扱ったコモンズやローカル・ルールについても詳しい。

宮本常一，2014，『宮本常一講演選集5 旅と観光』農山漁村文化協会。

民俗学者として"調査"という旅を続けた宮本常一による観光論。現場に暮らす人々の立場から，地域づくりとしての観光の必要性を訴え，地域の人々を鼓舞しつづけた。講演録でとても読みやすく，研究者であり実践家である宮本の姿を読み取ることができる。

注

(1) アクアツーリズムとは，湧き水や洗い場といった地域の水資源を観光資源に活用し，環境保全や地域の活性化との両立を目指す新しいツーリズムのことを指す（野田 2018）。
(2) コミュニティビジネスとは，地域社会において経済的利益を追求し，その事業活動を通じて地域社会に貢献することを目的としたものと理解されている。通常のビジネスとの違いは，経済的利益だけでなく，社会的利益も追求することにある。針江集落におけるアクアツーリズムはコミュニティビジネスの典型といえる（野田 2014）。

文献

橋本和也，1999，『観光人類学の戦略——文化の売り方・売られ方』世界思想社。
MacCannell, Dean, 1999, *The Tourist: A New Theory of the Leisure Class*, University of California Press.（＝2012，安村克己ほか訳『ザ・ツーリスト——高度近代社会の構造分析』学文社。）
野田岳仁，2014，「コミュニティビジネスにおける非経済的活動の意味——滋賀県高島市針江集落における水資源を利用した観光実践から」『環境社会学研究』20：117-132。
野田岳仁，2018，「コモンズの排除性と開放性——秋田県六郷地区と富山県生地地区のアクアツーリズムへの対応から」鳥越皓之・足立重和・金菱清編『生活環境主義のコミュニティ分析——環境社会学のアプローチ』ミネルヴァ書房，25-43。
斧澤未知子・吉住優子・鈴木毅ほか，2008，「洗い場の持続的利用とその変容についての研究——黒部市扇状地湧水群生地地区の清水を事例として」『日本建築学会近畿支部研究報告集 建築系』48：333-336。
Urry, John, 1990, *The Tourist Gaze: Leisure and Travel in Contemporary Societies*, Sage Publications.（＝1995，加太宏邦訳『観光のまなざし——現代社会におけるレジャーと旅行』法政大学出版局。）

第10章 人と野生動物はどのような関係を築いているのか？

閻　美芳

POINTS

(1) 野生動物は一般的に人からの干渉を受けることが少ない生き物と思われがちであるが，実際には，人間生活に被害をおよぼす野生動物が増えている。

(2) 人々は野生動物を食べるなど，生活において徹底的に利用する一方で，野生動物の"祟(たた)り"を怖れたり，野生動物を科学の力で管理する発想がない社会も存在する。そこには獣害という考え方そのものがない。

(3) 日本では，獣害の深刻化を受けて，野生動物に対する科学的な個体数管理が政策に盛り込まれた。この政策は，野生動物を科学的に管理するという方針にもとづいて実施されている。

(4) 獣害に悩む山村には，計画的な個体数管理政策に消極的な地域もある。なぜなら山村の人々は，「自然と押し合いへし合いする地続きの関係」をベースにした暮らしを営んでおり，自然を科学的に管理できるかどうかという単純な二分法で考えていないからである。今後，人と自然の関係を考えるうえでは，獣害という考え方がひとつの見方にすぎないことを自覚し，まずは当該地域の世界観に目を向ける必要があるだろう。

KEY WORDS

獣害，自然と押し合いへし合いの地続きの関係，想像力

1 深刻さを増す獣害問題

あなたは野生動物と聞いて，何を思い浮かべるだろうか。アフリカの雄大な

自然をゆったりと歩くアフリカゾウやライオンだろうか。日本のどこかの山奥に生息するクマだろうか。あるいは，動物園にいるキリンやカバだろうか。

　動物園で飼育されている動物は別として，野生動物として一般的にイメージされるのは，人間からの干渉を受けることがほとんどなく，人間の生活エリアから離れた場所に生息している動物だろう。ところが，近年の日本では，イノシシやサル，シカ，クマといった野生動物が人家付近に頻繁に出没し，人々に深刻な被害を与えてしまうことが問題になっている。こうした動物たちが人間生活におよぼす害のことを獣害という。

　一般に獣害とは，野生動物によって農作物を食べ荒らされ踏み荒らされたりすることや，人が野生動物に襲われたりすることをさすが，ほかにも自動車が道路に出てきた野生動物と衝突事故を起こしたり，野生動物に寄生するダニなどが広域に拡散されて感染症が広がる場合なども含んでいる。さらに，野生動物に農地を荒らされてやる気を失い，農業経営を断念せざるをえなくなるなどの，心理的・精神的な被害もある。このように野生動物が原因となって引き起こされる人間生活全般に対する被害が獣害なのである。

　一例として，私が調査した栃木県の山村を紹介しよう。栃木県佐野市秋山地区は，秋山川という川筋の一番上流に位置している。ここでは1990年代からシカやイノシシ，サル，ハクビシンおよびこれら動物に寄生するヤマビルの被害に悩まされてきた。シカと自動車との衝突事故が多発しただけでなく，イノシシやサルも人家近くで頻繁に目撃されている（図10-1）。

　私が2016年に現地を訪ねたときには，10頭のサルの群れが道路の真ん中に居座っていたり，人家の屋根に登ったりしていた。80歳代で一人暮らしのある女性は，畑でどんな野菜を作ってもサルやイノシシ，シカに悪さをされるので，2015年にはとうとう収穫量がゼロになってしまい，そのため翌年からは家庭菜園を断念したと言っていた。「年を取っているから，（サルに）茶化されちゃって。（サルが）慣れちゃっているから。自分はこんなふうになっている（腰に持病がある）からかまわないんだ，ちっとも。今は駄目だね。（サルが人を）バカにしちゃって」。

第10章　人と野生動物はどのような関係を築いているのか？

図10−1　玄関先まで来たサル
出所：筆者撮影

　もちろん，彼女もサルにまったく反撃しないわけではない。やって来るサルの集団に対抗するため，玄関先に撃退用の石を用意している。しかし，石を投げつづける体力にも限界がある。サルの侵入を警戒して，家の窓やドアは常に閉めきっている。2016年の春には家の近くでクマが目撃されたので，クマが近づいて来ないように，村びとにお願いして伸びていた庭木の枝をすべて剪定してもらった。

　この女性は，50年以上前にこの山村に嫁いできてからしばらくは家業の山仕事（スギの管理）と畑仕事を手伝っていたが，その後，近くの工場に勤めに出た。定年退職後は先に亡くなった夫が生前に建てたこの家で，サルやイノシシ，クマの出没におびえながら生活を送っている。このように現代日本の山村では，イノシシやシカ，サルなどの野生動物が出没する地域で生活を営んでいる人も多いのである。

　近年は山村だけでなく，神戸や京都といった大都市でも野生動物の出没が問題になっている。たとえば2017年には，京都市中心部でイノシシがたびたび目撃される事例があった。イノシシは6月に京都大学の学生寮で目撃された後，5ヶ月後の11月には平安神宮付近に出没し，このときは通行人に体当たりして重症を負わせた。翌月にはイノシシ2頭が京都市左京区にある高校に侵入したため，休校の措置がとられた。このときの様子はYouTubeにも投稿され，突

進してくるイノシシから必死に逃げる生徒たちの姿が映し出されている。

　ではなぜ日本では近年になって野生動物が人間の生活をおびやかすようになったのだろうか。それを考えていくために本章では，主に日本の農山村における人と野生動物との関係の変化を扱っていく。しかし日本のこのような状況を考える前に，まずは比較対象として，そもそも獣害が存在しないといってもよい隣国の中国の農村における人と野生動物の関係を先に見ておきたい。

　中国も地理的には日本と同様，イノシシやシカ，サルなどが生息できる環境にある。しかし中国農村には，現代の日本とは異なる野生動物と人とのかかわりがあるために，獣害が起こらない。日本において獣害が引き起こされるメカニズムや，獣害を抑え込むための政策の有効性について検討するために，まずは獣害がない中国農村の暮らしのなかにある，野生動物と人とのかかわりについて見ていきたい。

2　獣害がない中国山東省の農村の暮らし

身近に動物がいる暮らし

　私の生まれは中国山東省の農村である。2017年にこの村に里帰りしたときには，日本で生まれ育った幼い娘たちを連れていった。娘たちは村内で放し飼いになっている犬やニワトリと遊ぶことに大喜びだった。たしかに，5，6歳の子どもからみれば，私の故郷は，動物園のふれあいコーナーのようなものである。娘たちは，村びとが放し飼いにしているニワトリの喧嘩を面白がって眺めたり，ひ弱なニワトリを狙う犬を叱ったりすることに忙しい。村の中をさまよい歩く犬たちは，子どもたちの格好の遊び相手になるほか，村びとからは村内をパトロールする番犬の役割が期待されている。よそから来た人に向かって吠えない犬は，「役に立たないヤツめ！」と叱られる。同様に，村びとに吠える犬も叱られる。つまり「村の犬」は，村びと全員の顔を知っていて当然だと思われているのである。

　村びとのなかには，自宅の庭で牛を1，2頭飼っている人，牧場で乳牛を

第10章　人と野生動物はどのような関係を築いているのか？

図10-2　身近に動物がいる山東省の村
出所：福本純子撮影

　200頭ほど飼っている人，道ばたに生えている草を求めて羊を30頭ほども連れ回っている人，ウサギやアヒルを5000羽ほども飼育している人もいるので，娘たちはその見物に回るのも楽しんだ（図10-2）。たまに，村びとが旧正月の墓参りで鳴らす爆竹の音にびっくりして死んでしまうウサギが出る。それを飼育農家からおすそ分けしてもらって，ウサギ料理をご馳走になることもあった。

　こうした動物たちに囲まれた生活は，他方で，衛生面に問題を抱えている。日本の動物園のふれあいコーナーなどとは違い，動物の体や小屋を掃除する管理人はいない。そのため，放し飼いのニワトリや犬の糞が，いつも道路のどこかに落ちている。羊の群れが通った後には，村の道はきまって羊の糞だらけになる。また，牧場や飼育場に行くと，牛やウサギ，アヒルの糞尿が放つにおいに，娘たちは「耐えられない！」と言ってそこから逃げ出してしまう。

　それに，毎朝ニワトリが一斉に鳴くので，眠くても起こされてしまうばかりか，村内は常に動物の声であふれているので，とにかくにぎやかだ。うるさいともいえる。私は娘たちに，自分が小中学生のときには，家が貧しくて時計が買えず，毎朝，ニワトリの鳴き声で早起きして勉強に励んだのよと，昔の苦労話を聞かせた。以来，娘たちはニワトリの鳴き声を目覚まし時計の音として受け入れてくれるようになった。実際にこの村で時計が普及したのはわずかにここ10年ほどのことで，それ以前には村びとはニワトリの鳴き声で朝のはじまり

を知ったのである。

　このように，私の故郷では，今でも動物（家畜）と人々とのあいだに多様なかかわりがある。私の仕事がイノシシ・サル・シカ・クマなどによる農作物被害をなくすことだと村びとに話すと，きまって，「獣害って何なの？」という反応が返ってくる。そしてたいてい次のように質問される。「野生のイノシシやシカの肉は家畜の肉より肥えていて美味しいから，落とし穴や罠などを仕掛けて捕ればいいのに。サルやクマは漢方薬の材料になるから高く売れるのに。どうして『害』が起こるまで放っておくの？」。

　村びとには，遠方からの急な来客があった場合などに，放し飼いにしたニワトリを猛スピードで追いかけていって捕まえ，その場で料理するたくましさがある。また，旧正月などの祝日には，庭で飼育している豚を自分たちの手でとり殺し，さばいて料理することも，日常の一コマである。さらに村びとは，畑に出没する野ウサギやスズメ，カエルなどもつかまえて，それを自分たちで料理して食べたり，町にあるレストランに売ったりすることもある。夏になってもカエルの声がまったく聞こえないほど，「徹底的に」捕獲することもある。みつかればつかまるため，日本では獣害の原因となるイノシシやサル，シカ，クマなどの野生動物は，私の故郷の村には出没しないのである。

　村から150キロほど離れたところには「苛政は虎よりも猛し」という故事で知られる泰山という有名な山がある。トラに夫と子どもを食べられ，泣いていた女性に孔子がその理由を尋ねたところ，トラのいない安全な平地では税金が高くて暮らしていけないと返事をした，すなわち人を食い殺すトラよりも悪政のほうが恐ろしいという故事である。今から2000年以上も前の話であるが，この時代までは，山にはトラのような危険な野生動物がたしかに存在していたのである。ところがその後，狩猟や戦争，自然災害などが繰り返されたために，今では村内にトラだけでなく，クマやイノシシ，シカやサルといった野生動物は一頭もいない。

第10章　人と野生動物はどのような関係を築いているのか？

野生動物のもつ大きな見えないちから

　こうして獣害という言葉すら知らない中国山東省の村びとたちだが，他方で野生動物を自らの手で完全にコントロールできるとは考えていない。むしろ村びとたちはいまだに，野生動物がもつ大きな見えないちからを真剣に怖れているのである。

　私が7歳のとき，同級生と一緒になって，道でみつけたハリネズミを石で殺してしまったことがあった。ちょうどそのとき，たまたま通りかかった年配の女性から次のよう言われた。「ハリネズミを殺すなんて，祟られるよ。今日の夜中，殺されたハリネズミがおまえたちの布団の中にもぐり込んで，おまえたちの腹を気の済むまで刺し続けるだろう。覚悟しておきな！」。年配の女性があまりにも真剣な面持ちでそう言ったので，私たちもすっかり怖くなり，ハリネズミの祟りから逃れる方法をたずねた。するとその年配の女性は，私たちを村の売店に連れていき，黄色い紙を買った。そして，死んだハリネズミに謝罪の言葉を述べながら，その黄色い紙を燃やし，鎮魂の儀式を執り行ったのである。黄色い紙は村では冥界のお金と考えられており，現在も墓参のときには必ず携帯し，墓地で燃やすことになっているものである。これ以来，私はハリネズミを見るたびに，子どものときのこの経験から，ハリネズミは"祟る"恐ろしい動物だということを思い出すのである。

　また，この村は，妖怪や幽霊や動物と結婚したという話がたくさん出てくる中国の古典として名高い伝奇小説『聊斎志異』が書かれた土地からも近い。村びとは人が化けたキツネと結婚する場合があることを，いまだに信じているところがある。たとえば旧正月に私が帰省したある年，村の女性たちが集まってうわさ話をしていた。それによると，隣村のある女性が長く寝込んでいて顔色が悪いけれども，それは夜な夜な通ってくるキツネのせいだというのである。その女性の夫は，長期にわたって遠方に出稼ぎに行っているので，その間にキツネに妻を寝取られたということのようである。このキツネは普通の人以上のちからをもっているので，退治するには長く修行した人のちからを借りるほかなく，もしキツネを捕まえて殺すことに失敗したら，逆にキツネによって無残

に殺されてしまうという。

　このように，山東省の村では，野生動物を生活資源としてとらえ，それを徹底して利用する一方で，野生動物による祟りも信じられており，野生動物を自らの手で完全にコントロールできるとは思っていないのである。日本でも，民俗学の知見によれば，ネズミやキツネ，タヌキなどの身近な動物に，祟りなどの"特別"なものを感じていた歴史があったといわれている（鳥越 1994：11-16）。しかしながら，今日の日本では，後に詳しく見ていくように，計画的な野生動物の個体数管理など，人間が野生動物を科学の力で管理することを目指す政策が立案され，実施されている。では日本において，野生動物とのかかわり方に根本的な変化をもたらし，野生動物の出没を「獣害」ととらえる認識を生み出したものとはいったい何であったのだろうか。

3　野生動物の保護から保護管理へ

日本における野生動物管理制度の変遷

　日本で現在，獣害を引き起こしている野生動物は，明治以後，だいたい同じパターンで個体数が変化してきたことがわかる。明治時代から第2次世界大戦直後までは一様に個体数が激減し，その後1950年代から1970年代までのあいだに特定の地域で個体数が回復する。ところが，1970年代には今度は個体数が増えすぎた地域があらわれ，獣害が発生するようになる。それを受けて1990年代には個体数管理が制度的になされるようになるというパターンである。

　まず個体数が激減したのはなぜか。日本では明治維新で身分制度が廃止され，身分にかかわりなく誰でも銃を所持することが可能となり，狩猟が活発化したことで，危険な野生動物もそれまでより簡単に捕獲できるようになった。有名なのは，1905年にニホンオオカミが絶滅に追い込まれた例である。あなたもこの事実を聞いたことがあるかもしれない。1900年代初頭までは，サルを漢方薬の原料にしたり，その肉を食用にしたりしていたため，青森県の北端に生息するニホンザルも，やはり銃による狩猟で激減し，絶滅寸前にまで追い込まれた

といわれている。エゾシカや奈良のニホンシカも同様であった。たとえば1873年には，北海道内でエゾシカは年間5万5000頭も捕殺されていたという（文化庁文化財保護部監修 1971：312）。

こうしたなかで，日本では野生動物を保護する法律や制度が整えられていく。1895年に制定された鳥獣保護及狩猟ニ関スル法律（狩猟法）は，日本における野生動物保護の骨格を作ったといわれている。

また，1919年に制定された史跡名勝天然紀念物保存法は，当時の欧米の自然保護の考え方から学んだものであった。これによって，絶滅の危機に瀕していたカモシカなどの野生動物は天然紀念物として保護の対象となった。

さらに，第2次世界大戦後の1950年には，GHQから指導を受けるかたちで，鳥獣保護の強化に関する鳥獣保護区制度が発足した。鳥獣保護区は鳥獣の保護繁殖をはかることが目的であり，保護区域内での鳥獣の捕獲が法律によって禁止されることになった。同年には史跡名勝天然紀念物保存法も改正され，文化財保護法のなかに天然記念物が規定されるようになった。こうして天然記念物は文化財のひとつとされ，その管轄は文化庁（文部科学省の外局）が行うようになった。

実際にどの野生動物を天然記念物に指定するのかについては，各地の住民の働きかけが大きく影響していた。たとえば，「奈良のシカ」はかつては春日大社の神の使いとして特別視される存在であったものの，明治時代に入ってからは銃を用いた狩猟などで激減し，1945年には100頭以下にまで減少した。このことに危機感を抱いた地元住民が，奈良のシカを愛護するための団体を立ち上げ，シカへの餌やりや負傷したシカの治療とともに，奈良のシカを天然記念物に指定するよう働きかけを行った。その結果1957年に，「奈良のシカ」が国の天然記念物に指定されると，個体数も順調に回復していき，1980年代に入ると1000頭を超えるまでになったのである。

このように野生動物の保護が手厚くなった一方で，野生動物による獣害が社会問題として注目されるようにもなった。たとえば，1970年代には，先述の奈良のシカによる農作物被害を受けた農家が，納得のいく補償金を要求してシカ

の愛護団体と国・県を相手に訴訟を起こした。奈良のシカは生息域を奈良公園内に限ることを前提にしていたが、柵などで囲まれていないため、しばしばシカが公園外に出て農作物被害をもたらしていたのである（渡辺 2001）。

　同じ時期に起こされた獣害訴訟として、岐阜県のカモシカ訴訟がある。1955年に国の特別天然記念物に指定されたニホンカモシカが、山に植林されたヒノキの皮を食べ、枯死させてしまうとして、林業を中心に生計を立てていた住民がその補償を求めて裁判を起こしたのである。特別天然記念物であるため、たとえ農作物に被害が出ても、そこで暮らす住民の判断では簡単に捕獲・捕殺ができないため、補償を求めたのである。

　こうした日本各地における農作物被害の深刻さを受けて、1999年には鳥獣保護法が改正された。主な改正内容としては、生息数が著しく増加または減少した野生動物がいた場合、「特定鳥獣保護管理計画」を定め、目標をきめたうえで、捕獲と保護を計画的にすることになった点が挙げられる。これは計画的な個体数管理ともいわれ、捕獲の許可権限は国や県だけでなく、市町村に移譲することもできるように定められた。以来、日本では、特別天然記念物に指定されたニホンカモシカやニホンザルであっても、一定の基準にもとづいて駆除・捕獲が可能になったのである。

　しかしこのような制度改正は、地域によってはすでに遅すぎたところもあった。たとえば、エゾシカ被害の深刻な北海道では、2011年から自衛隊と連携して捕獲に取り組み、年間捕獲個体数が14万頭を超える年（2012年）もあるほどだが、それでも獣害は収まっていない。増えすぎたエゾシカによって日常生活がおびやかされている北海道稚内市では、2017年に麻酔薬を仕込んだ吹き矢を使用して、猟銃の使えない住宅地や公園などの市街地で捕獲する試みまでが行われるようになっている。

獣害の原因についての科学的な説明

　こうした状況をよく知る私の知人の生態学者は、日本の山村で野生動物を「害獣」と呼ぶようになったのは、野生動物に対して相対的に人間が弱くなっ

第10章　人と野生動物はどのような関係を築いているのか？

た証拠だという。たとえばイノシシの場合，日本では古くから農作業のかたわら，農作物を守るための猪垣（イノシシから田畑を守るために，石や土でできた垣のこと）を築いたほか，イノシシをおいしくたべる料理法やイノシシをめぐる伝説など，さまざまなことがらを伝承してきた。しかしそうした野生動物との"付き合い方"は，現在ではほとんど失われてしまっている。これをさして，人間が弱くなったと彼はいうのである。

　こうした見解のほかにも，今日の獣害の発生原因について，生態学者などからさまざまな説が提出されている。たとえば有力な説として，戦後の一斉植林政策によって野生動物の好むドングリの木（コナラ，クヌギなど）が伐採されたことで，野生動物の餌場が減り，そのため野生動物が人家付近に出没するようになったとする考え方がある。また，高度経済成長期の集団離村や過疎化によって耕作放棄地が増加し，そこが野生動物の餌場・隠れ場になっているという説もある。さらには，野生動物の保護が行き過ぎて数が増えているとする説や，あるいは地球温暖化に原因を求める人もいる。暖冬のため，繁殖力の強いイノシシとシカの生存率が高まり，結果として獣害を引き起こしているというのである。ほかにも，猟師の高齢化や地域の担い手の減少が獣害の主な原因とする説もある。

　以上のように，獣害の発生原因についてはさまざまな説があるものの，いずれの説もある共通した考え方を下敷きにしていることがわかる。それは，農作物被害などの「獣害」は科学的・客観的にカウントできるし，その因果関係も科学的に明らかにすることができるという考え方である。こうした同一の発想にもとづいているので，どのような原因を除去するにしても，政策的には，増えすぎた野生動物を科学的に管理することが目指すべき道とされるのである。

「村の犬」と「野良犬」との違い

　これは日本の獣害の歴史から見た場合，ある種の必然的な帰結であるといえるだろう。猟銃が簡単に手に入るようになる前までは，さきに紹介した中国とさほど変わらない状況であったかもしれないが，いったん日本人の暮らしのな

かから野生動物が徹底的に駆逐されてしまってからは,野生動物たちは人々の暮らしと分断され,囲い込まれたうえで,科学的・計画的に管理される対象になったのである。そのため,現在の日本人の目には,野生動物も家畜もペットも,動物だという点でほとんどかわりのないものになってしまった。中国で村の中をうろついている「村の犬」の映像を日本の大学生に見せると,きまってその犬は「野良犬」というレッテルが貼られる。それはすでに日本人にとって犬という動物は「ペット／野良犬」の違いしか区別がなくなっているからなのではないだろうか。

　野良犬は,その名の通り,人間に完全にコントロールされることなく,荒々しい野生(自然)を感じさせる生き物のことである。それに対してペットとは,人間のコントロール下にあって,人間の都合に合わせて飼いならされた生き物のことである。日本の大学生が,中国山東省の村内を歩き回る「村の犬」を「野良犬」としか認知できない背景には,彼(彼女)らの自然に対する認識が,知らず知らずのうちに,人間がコントロールできる自然(ペット)／コントロールできない自然(野良犬)という二分法に縛られているからなのではないだろうか。だが,中国山東省の村びとは,そういった二分法で自然をとらえることはない。人間は自然を徹底的に利用するものの,自然から祟られることもあると信じているのである。そこには,自然をコントロールできるかどうかといった人間の都合で決まる関係ではなく,まるで人と自然(野生動物)とが「おしくらまんじゅう」をしているような,「人と自然とが押し合いへし合いする地続きの関係」がある。

　たとえば,山東省の農村では,イタチ(鼬)にニワトリを食べられる「害」はあっても,人々はそれを(科学的管理の不備としての)獣害としてとらえるのではなく,「ずる賢いイタチに防備の隙間を突かれてしまった！」ととらえて悔しがるのである。このように中国山東省の人々は,「野生動物にも生活がある」と認めたうえで,「自然との押し合いへし合いの地続きの関係」を生きているのである。

4 村が科学的な個体数管理をやめた理由

都市住民による草刈りボランティアを中止した理由

　冒頭で栃木県佐野市秋山地区の暮らしを紹介した。秋山地区の人々は，サルやクマなどの害におびえて暮らしていたが，実は外部から提案される獣害対策に対しては消極的なのである。それを象徴する出来事として，都市住民による草刈りボランティア活動の中止と，集落単位での防護柵設置の中断がある。なぜせっかくの獣害対策を自らの手でやめてしまったのだろうか。

　まず，草刈りボランティア活動の中止の背景を見てみよう。農山村で増えつづける耕作放棄地や空き家が野生動物の餌場になっている現状を少しでも改善しようと，栃木県では都市住民からボランティアを募り，耕作放棄地での草刈り活動をはじめた。都市住民の力を借りることで，農山村の景観維持と生産空間の管理，および獣害対策につなげようとしたのである。

　秋山地区には，田舎暮らしにあこがれて移住してきた一組の夫婦がいた。この夫婦が行政に働きかけたことで，以上のような都市住民による草刈りボランティアが秋山地区で実施されることになったのである。しかしこの活動は数年間で中止されることになった。その原因は，秋山地区の住民のあいだに根強く存在していた不公平感であった。

　この不公平感を経済的な側面から説明すれば，およそ次のようなものになる。田畑に何も植えずに草が生い茂ったままにすると，作物を育てている周りの人の迷惑になるので，年に3，4回は草刈り機を使って自分で農地の管理をするのがあたりまえである。これには年間平均3〜4万円がかかる。ところが，離村して村とのかかわりを絶った人の耕作放棄地には，都市から草刈りボランティアがやってきて，ただで草を刈ってくれる。つまり，ここに住み続けている自分たちよりも離村者の方が経済的な負担をせずに農地管理できることが不公平だというのである。

　しかし，秋山地区の人々が抱く不公平感は，以上のような経済的理由だけに

根ざしているわけではない。ボランティアが草刈りを行っている耕作放棄地は，土地登記簿上は，今も離村者の土地である。この秋山地区との縁を切った離村者は，ボランティアによる草刈りが開始される何年か前まで，自分名義の土地を業者に貸し，産業廃棄物を埋め立てて利益を得ていた。このことに人々は不満を抱いていた。その後，秋山の人たちの猛反発を受けて産廃埋め立てをやめると，この土地は放置され，しだいにイノシシの住処になっていった。

　このように，都市住民による草刈りボランティア活動が中止されたのは，ボランティアのこの土地への働きかけが，コミュニティのルールを無視する離村者の土地所有権を結果的に保護してしまう可能性があったからなのである。他の章でも触れているように，日本では農地に対して，伝統的に，「オレの土地はオレ達の土地にある」という感覚が共有されてきた。そのため，ある者が自分の土地に対して十全な権利主張ができるのは，たんに土地登記簿上に登録されているだけでは足りず，自らその土地に対して耕すなどの働きかけをしつつ，それを周囲の人々から認められる必要がある。農地や家屋を放置し，秋山での暮らしをかえりみずに産業廃棄物を埋め立てる身勝手な離村者の土地に対して，いくら都市住民が熱心に草刈りをしたとしても，それだけでは秋山と絶縁した離村者自らの働きかけとみなすことはできないというのが，秋山地区の人々の共通の思いなのであった。こうして，移住者と県による善意の発案で始まったボランティア活動も，ここで暮らす人々の公平感覚に反することになってしまったのであった。

防護柵設置を断った理由

　次に，集落単位での防護柵設置を中断させた理由について見てみよう。この例も，先の移住者夫婦の働きかけがきっかけで始まった。秋山地区では，鳥獣管理を専門とする学者や県の専門家のアドバイスを得て，日本各地で導入が始まっていた「集落単位による山すそへの防護柵設置」に2010年から取り組むことになった。山すそに防護柵を設置することによって，山から下りてくるイノシシ，サル，シカなどの進路を阻止し，人々の暮らす生活エリアを守ろうとい

第10章　人と野生動物はどのような関係を築いているのか？

図10 - 3　秋山地区の90センチの防護柵
出所：筆者撮影

うのである。この取り組みは栃木県内で初めての試みだったので，防護柵そのものの費用については，行政からの補助金ですべてまかなわれることになった。

　秋山地区の人々は，この獣害対策にいったんは応じたものの，十分な検証を経る前に，取り組みの中断を決定した。秋山地区の長大な山すそに沿って設置された高さ90センチの防護柵（図10 - 3）は，雨と雪解け水で山から流れ落ちてきた小石などをせき止め，堆積させたために，実質的な柵の高さが50センチ程度の箇所ができてしまっていた。シカやイノシシはこのような低さなら簡単に柵を乗り越えられる。ところが逆に山に戻る場合には，柵が邪魔をして戻れず，集落内に残ってしまったのである。

　こうした状況が明らかになったことを受けて，市からは，獣害対策としてより有効性の期待できる高さ2メートルの柵を無償で提供すると申し出があった。しかし秋山地区の人々は，市からのその申し出に応じなかったのである。断った理由として，主として次の3点を挙げることができる。

　ひとつ目は，防護柵自体は市から支給されるものの，その設置と維持管理が住民に任されてしまう点である。過疎化高齢化が進む秋山地区において，長さ8キロにもおよぶ防護柵を再度設置し，維持管理していくだけの体力に自信がもてなかったのである。高さ90センチの柵の維持管理でさえ，平均年齢が70歳を超える人々にとって，たいへんな重荷になっていた。

理由の2つ目は，地区内に専業農家（農業収入だけで暮らす農家）がなく，野生動物の被害を受けても，ある程度は許容できる点が挙げられる。秋山地区は村の面積の9割以上が山林であり，戦後に農家の兼業化が進むと，自家消費のための家庭菜園程度にまで農地を縮小する人が多かった。そのため，イノシシやシカの被害があったとしても，田畑から採れる農作物に依存して暮らしているわけではないので，ある程度「しかたがない」として許容されるのであった。

　3つ目の理由として挙げられるのは，かつてあった火事の記憶である。秋山地区の人々は，60年近く前に発生した火事で，山から村へ戻るために火に向かって駆け下りたときの恐怖を現在も記憶している。そのため山すそに高さ2メートルもの防護柵を設置してしまえば，「いざというときに，われわれの逃げる足場がない」と考えたのである。このように，秋山地区の人々は，市から提案された高さ2メートルの防護柵は，山と人里とを完全に分断するため危険であると判断したのである。

　以上のような理由があって，秋山地区では，市から提案のあった高さ2メートルの柵の設置を拒否したのである。しかし他方で，サルやイノシシ，シカ，クマなどの出没におびえながら暮らしつづけているのも事実である。もちろん現在の状態が理想的な暮らしであるとは秋山地区の人々も考えていない。しかし秋山地区では山と切り離された暮らしのしくみをそもそも備えておらず，したがって地元の人が必要としているのは，自然と地続きの暮らしを守る方法なのである。

山村における山と人との地続きの関係

　たしかに野生動物の出没は厄介かつ危険である。しかし秋山地区の暮らしにとっては野生動物も自然のうちにあり，生活から完全に野生動物だけを排除できるとは考えられていないのである。農作物被害をもたらす獣害は，過疎化や高齢化，仕事がないことなどとともに秋山地区で暮らしつづけることを困難にさせる要素のひとつではあるが，それ以上でもないのである。獣害は，場合によっては，他の問題よりも緊急度が低いと判断されることもある。その点を忘

れて,計画的・科学的に山を囲い込み,生活から分断してしまうと,山と共存してきた秋山の暮らしを破壊しかねないのである。

　ここでもう一度,サルのために家庭菜園を断念したという先述の女性に登場してもらおう。彼女は,自分が若い頃にはサルを山の中腹まで追い払ったという武勇伝とともに,村の若いもんが花火を打ってサルを追い払うたくましさを私に語ってくれた。サルとの押し合いへし合いによって,自分が玄関先にまで追い込まれてしまったのは,年齢と持病(腰痛)のせいなのだと彼女はいう。

　こうした「押し合いへし合いの地続きの関係」が秋山地区にあることは,地区内で語られてきた山の天狗の伝説にも表れている。秋山の鎮守である氷室神社の祭神は山の神である。この山の神は,天狗の威力を背後にもつ「ひむろばあさん」の姿を借りて,村内の家々に風呂を使いに来るというのである。山と人とはこのように神を介して地続きの関係にある。また秋山地区には鉄砲打ちの猟師が1人いる。この70代の猟師はイノシシとシカは撃つものの,サルは撃てないという。その理由として猟師は「サルは山の神の使いのようなもの」だと私に語ってくれた。

　このように,山はたしかに怖いものであるが,家の風呂を借りに来るような身近さも併せもっていると想像されているのである。山とともに暮らしてきた秋山地区の人々は,"自分たちの力が及ばない世界"との押し合いへし合いに,今もなお身を置いている感覚を有しているのである。

5　自然と地続きの関係を見ることの必要性

　戦後の日本では,自然は人間の手によって科学的に管理できると考えられてきたので,野生動物を保護の対象と考えるか,あるいは害獣と考えるかのいずれかの見方が支配的になった。私たちもまた,犬を見たらそれが「ペット」なのかそれとも「野良犬」なのかをまず判断するように,人間によるコントロール可能性の有無によって動物を二分する見方が広く一般化している。要は,動物は人間にとって「敵か,味方か」そのいずれかでしかないという考え方であ

る。そのため，かつて山村で暮らす人々が「山の神」を祀ることで，山に対して身近さとともに怖れを抱いていたような「自然と人間の地続きの関係」は長く蚊帳の外に置かれてきたのである。

　しかし中国山東省の村では，今もなおこの「地続きの関係」のもとで生活が営まれているし，実は日本の山村にもその感覚は潜在化するかたちで今も生きつづけているのである。中国山東省の農村では，人口密度が高いこともあって人間の側が自然を押し返していく力が強く，そのため日本では「害獣」とされるようなサルやシカなどの野生動物をまったく目にすることはないが，他方で中国の人々はキツネなどに祟られることを真剣に怖れ，自然の力に一目を置いている。それに対して日本の山村では，過疎化高齢化が進み，人間の側が自然を押し返す力が弱まったため，サルが玄関先にまで訪れることが象徴するように，むしろ自然に押し返されつつある。地元の人たちは日々そのことを意識しながら暮らしており，そのため「われわれの敵である害獣」の科学的な個体数管理の手法に頼るよりも，むしろ押し返してきた野生動物との「押し合いへし合い」をどうするのかの方に目を向け，状況を判断しているのである。

　私たちはまず，獣害という見方そのものが，特定の色眼鏡をつけたときにだけ見える風景であることに気づく必要があるのではないだろうか。そして実際に野生動物と直接かかわってきた地域社会では，それとは別の風景が広がっている場合があり，ときに獣害という見方そのものが地域社会に合わない場合もあるということを理解する必要がある。

　今後，日本の山村の暮らしをより豊かにしていく野生動物との関係を構想するためには，まずは地元の人たちの実際の暮らしやその世界観を知る必要があるのではないだろうか。そしてそのためには私たちが，「獣害という考え方がない」中国の農村やかつての日本の農山村の暮らしも視野に入れつつ，科学的・計画的な政策から一歩踏み出て，「自然と押し合いへし合いする地続きの関係」への想像力をもたなければならないだろう。[5]

読書案内

岩井雪乃，2017，『ぼくの村がゾウに襲われるわけ。——野生動物と共存するってどんなこと』合同出版。

　植民地支配の経験をもつアフリカの国々では，野生動物を守ることそれ自体が，政治的な意味合いをもつことが多い。野生のゾウとの共存も，現地の先住民が必ずしも希望したわけではなく，権力をもつ者によって押し付けられる場合がある。アフリカゾウとの共生を強いられた先住民の支援活動を行っている著者は，本書において，死者が出るほどに深刻化しているアフリカゾウと人間とのかかわりの実態を克明に描いている。

鳥越皓之，2017，『自然の神と環境民俗学』岩田書院。

　水の神，山の神，風の神。人間は身近な自然を象徴化したものを介して，時には怖れ，時にはそれらをなだめすかしながら自然と付き合ってきた。本書は"自分たちの力が及ばない世界"と人間がどのように付き合ってきたのかを理解するのに有益な本である。

丸山康司，2006，『サルと人間の環境問題——ニホンザルをめぐる自然保護と獣害のはざまから』昭和堂。

　北限のサルとその猿害について，社会学の視点から執筆された本書では，地元の人々がサルに抱く相矛盾する認識に注目している。人々は，自分の畑に被害をもたらすサルに石を投げ，殺そうとすることもあるが，そうでないときにサルを見て可愛いとも思う。サルに抱くこうした人々の複雑な価値観と，サルを観光資源として保護してきた歴史を重層的に描く本書は，サルとの軋轢(あつれき)のある関係のなかで共存する地域の人々の世界観を理解するのに役に立つ。

注

(1) 計画的個体数管理は，順応的管理ともいわれている。その特徴は，科学性と計画性にある。野生動物の個体群の数，年齢などをモニタリングという手法で科学的に把握し，そのうえで，計画にもとづいて野生動物の望ましい数を調整する。他方で自然の不確実性を前提とした個体数管理のため，当初の計画に立ち戻って修正できるようにする必要がある。このように順応的管理は，現状把握→保護管理計画の策定→保護管理事業の実施→モニタリング→現状把握に立ち戻って（フィードバックして）の当初計画の検証→新たな保護管理計画の策定，というプロセスをとる。

(2) 北海道生物多様性保全課HP（www.pref.hokkaido.lg.jp）を参照。なお，自衛隊は銃を使用して捕獲することに参加せず，あくまでも捕獲の補助作業を行っている。

(3) 「エゾシカ捕獲, 『吹き矢』に白羽の矢　市街地で試行開始」(朝日新聞デジタル 2017年11月2日)。
(4) 日本では, 狂犬病の発生予防やまん延防止, 公衆衛生の向上のために, 1950年に狂犬病予防法が実施され, 犬の放し飼いが法律によって禁じられるようになった。これも, 日本の大学生が放し飼いの犬を野良犬としてしか認知できないひとつの要因である。
(5) 効率的な獣害対策として, 集落単位の防護柵設置を勧めているある日本の野生動物管理学者は, 現場の農山漁村で防護柵設置の話を持ち出すたびに住民の反対に出会うという。その理由は, 防護柵設置によって, 地元住民に「あそこの領域（山・耕作放棄地など）を野生動物側に引き渡してしまった」という感覚が生じることにあったという。

文献

文化庁文化財保護部監修, 1971, 『天然記念物事典』第一法規。
北海道生物多様性保全課, 2018,「平成29年度エゾシカ捕獲数について」北海道　(http://www.pref.hokkaido.lg.jp/ks/skn/est/index/h29hokakusuu_kakutei.pdf)。
丸山康司, 2006, 『サルと人間の環境問題——ニホンザルをめぐる自然保護と獣害のはざまから』昭和堂。
鳥越皓之, 1994,「柳田民俗学における環境」鳥越皓之編『試みとしての環境民俗学——琵琶湖のフィールドから』雄山閣。
渡辺伸一, 2001,「保護獣による農業被害への対応——『奈良のシカ』の事例」『環境社会学研究』7：129-144。
閻美芳, 2018,「野生動物に積極的に関わらない選択をする限界集落の"合理性"——栃木県佐野市秋山地区を事例として」『環境社会学研究』23：67-82。

第11章 未曾有の災害に人はどう対応していくのか？

金菱 清

POINTS

(1) 建築学や津波地震工学においては，未曾有の災害からの復興政策として，人間不在の鳥瞰的視点に立った計画と科学的思考にもとづいたシミュレーションが生活実態を無視してたてられてきた。この考え方は災害リスクを「ゼロ」にできるという発想を前提にしている。
(2) 環境社会学はリスクをゼロにすることはできないと考えるが，リスクとどのように向き合うのか，その工夫や知恵を住民の生活環境に問うという発想をもつ。
(3) 東日本大震災による津波被害が大きかったところでは巨大(スーパー)な防潮堤の建設が行政から提案されたが，激しい反対が各地で示されたのはなぜか。
(4) 災害を経験したあとの生死への向き合い方によって，災害後の暮らしや生き方を考える方向性が見えてきた。それは，死者の忌避ではなく，被災地の幽霊現象にみられるような生きられた死者という考え方である。
(5) 災害を自然現象であり仕方のないことだからお手上げとするのではなく，文化も含む「レジリエンス」という災害の回復過程についての考え方を学ぶことは有益である。

KEY WORDS
災害のリスク，人間不在，コミュニティ，死者論，レジリエンス

1 人間不在の鳥瞰図と科学的思考にもとづく行政施策

地震，津波，台風，原発事故や洪水などの災害によって環境は一変する。親

しい友人や愛する家族が亡くなってしまうかもしれない。またこれまで住んできた建物や地域が丸ごと破壊されたり、無くなることさえある。「まさか」という環境改変を起こすのが災害である。私たちが住んでいる日本は、急峻な山に囲まれ洪水が起きやすく、台風の通り道にあり、世界の約10～15％の地震（マグニチュード6.0以上では20％）が集中している、世界にも例をみない災害大国である。ふだんは穏やかな日常を送っているが、災害は一瞬にして私たちの生活環境を破壊し人を奈落の底にたたきつける。

　災害も環境社会学の範疇に入るのかなと思った人がいるかもしれない。その直感は必ずしも間違っていない。環境社会学ではこれまで災害を積極的には扱ってこなかった。原因と結果をつかむことがむずかしく、そもそも突発的に起こる災害は環境の範疇をはみ出していると考えていた。

　しかし、環境社会学で災害という事象を扱うことには十分な根拠がある。それは環境社会学が、これまで自然科学で扱われてきた領域を人間（や生活環境）の側からとらえなおしてきたことと深くかかわっている。

　災害も、自然科学の研究手法でシミュレーションに則って科学的な見地から語られる傾向を明確にもつ。たとえば、津波の現場で進められてきた政策を考えよう。これまで想定されていなかった規模の津波来襲は実際に起こりうると考えられるようになり、高さ10メートル以上の巨大な防潮堤の建設、海辺での居住を禁じる災害危険区域の設定、そして高台や内陸への移転を推進する集団移転の事業が提案された。これら3点は、いずれも津波を外部条件とし、どのようにそれを「避けるのか」や「海から離れるのか」という視点に立つ。

　災害が起これば、復旧するためのイメージを描き、それにもとづいて被災者の生活再建に取り組む。図11－1は、宮城県が東日本大震災からの復興のイメージとして示した復興計画である。図11－1の上の図はリアス式海岸の土地で職住分離によって沿岸に働く場所をつくる一方、住む場所は高台に移転するというイメージを示すものである。それに対し下の図は、住む場所の高台移転ができない平地のケースで、幾重にもわたる堤防の建設による多重防御という考え方を示している。

第11章　未曾有の災害に人はどう対応していくのか？

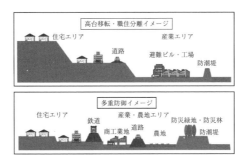

図 11-1　宮城県復興計画案
出所：宮城県 HP

　これをみてみなさんはどのように考えることができるだろうか。あるいは何か気づく点はあるだろうか。

　実はこの図だけでなく、復興の計画図やイメージにはほとんど「人間」が描かれることはない。これは明らかに不自然であるがあたりまえのこととして受け入れられている。

　東日本大震災後の復興は、津波のシミュレーションによって災害後の土地利用と住民生活を決めた、日本ではじめてのケースであると言われている。また、原発事故後の福島は、空間放射線量の数値によって地域コミュニティが分断されていった。いずれの決定も空から見た鳥瞰図の視点によってなされたものである。

　広範囲に及ぶ災害を理解するためには上空からまなざす視点はたしかに便利である。しかし、そこに人間が描かれることはない。歩いたり話したりしている当事者の目線は、そもそもナスカの地上絵を見るようなまなざしとは交わりえない。鳥瞰図からできた計画の帰結は暮らしの目線の高さとは程遠いことにならざるをえない。

　鳥瞰的視点からすれば、未曾有の出来事は私たちの環境の外側でおこるわけなので、そこに環境社会学のでる幕はほとんどない。

　しかし、海の民俗調査を長年行っている研究者は、図 11-1 のような復興案は机上の空論であり、漁師の生活と生業を無視した、オカモノ（陸に住む者）

199

による論理であると断罪している（川島 2012）。

　この机上の空論にもとづいた行政の政策を現実に引き寄せるために、現場の考えをフィールドワークによって明らかにするのが環境社会学が果たす役割と特徴である。以下では、「リスク」（2節）、「レディーメイド（お仕着せ）の復興」（3節）、「生きている人のための生活再建」（4節）という人間不在の科学的思考について考えていく。それに対して、現場からは「防潮堤拒否の論理」（2節）、「住民主体のコミュニティ作り」（3節）、「死者論」（4節）の考え方がそれぞれでてくる。

2　防潮堤拒否の論理

高い防潮堤の拒否

　土地や環境はさまざまな災害のリスクにさらされている。土砂崩れや洪水、地すべりや地震、火山噴火あるいは台風、竜巻などさまざまなリスクを有する災害列島日本には安全に住める土地はほとんどない。とくに首都圏は何層にもわたるプレートの上に乗っているので、世界的にも稀にみる危険地帯に数千万の人々が暮らしている土地といえる。熊本県の阿蘇山のように、カルデラの内側に1市1町があり約5万人もの人々が暮らしている土地もある。

　これらが端的に示すことは、日本では災害のリスクがゼロに近い場所にすべての人が住むことはできないという単純な事実である。地震が決して起こらないところにすべての人々が移住することが可能ならば話は別だが、それは非現実的な話である。私たちに問われているのは災害リスクとどのように"共存"すればいいのか、という問いであろう。言い方を換えると、リスクを完全にゼロにして取り除くのではなく、どのようにしてリスクを受け入れて共存すればいいのかを考えることが実践的に求められているということである。

　環境社会学では、リスクをどのように飼い馴らしながら内部化し、災害リスクに対処できるのかが問われる。

　それに対して、科学的思考法に立った行政施策は、津波を例にすればまず津

波災害を外部化し、そこからの防御と避難を想定する。国の中央防災会議では、数十年から百数十年に一度の頻度でおとずれる規模の津波の高さをレベル１，数百年から1000年に一度の割合でおとずれる津波の高さをレベル２と区分し、前者においては防潮堤の内側の人命，財産の保護と経済活動の継続を目指すのに対して、後者においては減災を目指すとした。(1) つまりレベル２レベルの津波においては、人命を守ることが何より優先され，防潮堤内のある程度の浸水は許容される。

しかし、沿岸部の各被災地では、レベル１クラスの津波に対する対策としての人命，財産の保護と経済活動の継続という考えにクレームが申し立てられた。なぜ反対しているのだろう。それを次にみてみよう。

陸と海との連続にあるオキ（沖）出し

津波に襲われたときには高台（陸)に避難して命を守る。ところが，津波の際，海に向かって進んでいく人々がいる。この行動は，三陸沿岸では「オキ（沖）出し」と呼ばれている。なぜ安全な陸の高台ではなく危険な海（沖合い）にあえて向かうのか。そしてこの行動が高い防潮堤を作ることに反対することとどのように関係しているかをみていこう。

津波が沿岸に達する前に水深が深い沖合まで船で出ることができれば、津波に襲われない。とくに三陸沿岸を中心とした津波常襲地帯は、水深の深い海溝がすぐ近くにひかえているため，津波警報がでると沖出しを行う慣習がある。

また、この地では「家よりも船を救え」「船は漁師にとってみれば女房みたいなもんだ」といわれてきたように船は生業に不可欠であるとともに生活の場所でもあり、かつ神を祀る神聖なものである（川島 2012：110-113）。船が無事ならば津波襲来以降の生産活動でも優位になる。すぐに漁業に復帰できるか否かは、すぐには生活保障が見込めないなか漁師にとっては死活問題となる。

つまり、オキ（沖）出しによって命を守り船を守り、さらに生活を守るのである。津波に襲われた歴史のなかから、彼らは工夫を重ねてきたのである。

漁師は海を眺められるところに住みたいと必ず言う。起きてまず朝の海を眺

めることで，その日の海の"機嫌（様子）"がわかるからである。だから海に住んでいる人々は津波が来るとなると沖へと向かう。陸から，浜，磯，沖へという土地の広がりは，陸と海が離れていない感覚を育む。そこに陸（オカ）と海（ウミ）とを隔てる防潮堤を築けばどのようなことになるだろう。海との暮らしを放棄したことに等しいのではないか。

「地元学」の提唱者である結城登美雄は，宮城県唐桑半島や牡鹿半島では遠洋漁業が盛んなため海で家族や仲間を亡くしたケースは多く，津波も三陸の海に生きる人々にとっては数ある海難のひとつであるという。東北地方の浜辺にある集落には，海難供養塔や海之殉難者慰霊碑など海での物故者を祀る碑（いしぶみ）が至る所に建っているし，第2次世界大戦では海軍に大切な漁船を徴用されるなど，海に生きる人々は，天災や戦災に巻き込まれても逃げることなく向き合ってきたと指摘する（結城 2015）。

海からすべてのものを授かるオカ（陸）出し

防潮堤建設に対しては沿岸の都市部からも反対の声があがった。

三陸沿岸では，人・物・情報・金・文化などは陸からではなく圧倒的に海から陸に入り込み，そしてまた出ていく。このことを地元ではオカ（陸）出しと呼んでいる。地域研究者である千葉一は，海の彼方に死者の世界があるという感覚で，麦わらで盆舟を作った幼い記憶に重ね合わせている。まだ遠洋漁業で帰らぬ父や兄弟・息子そして友，遭難者が広大な海のどこかで海神（ワタツミ）と共に暮らしているという悲愴な願いを込めて，南の海から回遊するマグロやカツオを海の彼方に暮らす死者たちが毎年贈ってくれる賜物として受け取ってきた。魂を新たにするちからが分けられるものとして，オカとウミの濃密なつながりをとらえている（千葉 2014：140）。

船着き場では早朝からそれぞれの船が好きな音楽を流し，選曲や音量で競い合いながら海から入ってくるのがハイカラな文化として住民に受け取られていた。オカ（陸）出しは，異文化に触れ，それを摂取する最先端の場でもあった。中学校の校舎の新築も，大豊漁の年には，行政に頼らず漁協から多額の寄付に

よって賄われたりもした。海からの恵みを再分配し地域に還元していたのである。

環境が意志をもつということ

　沿岸部に暮らす住民の「海と陸がつながっているまちだ」と考える感覚は，身体的に"あたりまえ"の感覚である。

　1960年（昭和35）に起きたチリ地震津波では約1.5メートルの高さの津波による被害を受けた地区もあったが，それでもなお，当時の防潮堤建設計画を拒否し，防潮堤がないままというところもあった。人々は防潮堤は必要ないと考えていた。

　人・物・情報・金・文化といったあらゆるものがウミからオカ（陸）に入り，そしてまたオキへと出ていく。オキ出しとオカ出しに共通するものはウミとオカが地続きの「環境」としてつながっているという点である。海を通して吸ったり吐いたり呼吸をしているのであり，ウミの恵みのみを享受して，津波などの災厄のみを排除することはできないと考えている。自ら災厄を引き受けることで，それ以上の恩恵を蒙りひいては人生そのものを海とともにあろうという決意である。

　それに対して，行政による温情的な発想（たとえば，津波のリスクからの避難という考え方）としてたとえば国の行政官は，災害後の行政計画によって1階を駐車場，2階を住居にして使用することになったことを誇らしげに語っていた。しかし，これだけ高齢化した社会のなかで2階を住居とすることの不便さやリスクに思いが至っていない。100年に一度，1000年に一度の非常時に備えることはできても日常生活が犠牲になるのである。

3　お節介なコミュニティと住民主体

平等原則の裏側にある孤独死の問い

　未曾有の災害からのコミュニティの復興について考えてみたい。これは通常

第Ⅲ部　他者としての環境

のまちづくりと異なって，突然の災害によってまちそのものが破壊されたときに，住む場所の確保とコミュニティづくりをどのように両立させるのかという問題である。

　仮設住宅への入居の方法が，1995年の阪神・淡路大震災の経験を経て2011年の東日本大震災では大きく変化をした。阪神・淡路大震災では，要援護者（高齢者・障がい者といった要介護者）を優先しながらも，抽選方式を採用した。それは当然だろうとうなずくかもしれない。さまざまな要望が行政にあがってきたときに，この人たちの要求を通してあの人たちの要求は拒んだということになれば，不公平感が充満し，復興政策に疑義が出るからである。

　しかし，この平等原則と配慮原則を重視したあまり思わぬ副作用を招いてしまった。この方式は社会的弱者だけが入居する団地を形成し，数多くの「孤独死」を生みだしたのである。

　国はこうした苦い経験を教訓に，東日本大震災後に各自治体に対し入居者選定の通知を出した。それが「地域のまとまりごと」に仮設へ入居するという地理的区分での選定方法である。隣の人が誰かがわかれば何かと頼むことができ，融通が利く旧来からの人間関係はストレス緩和やケアにとってたいへん大きな意味をもつと考え，人間関係や地域的結びつきをできるだけ壊さないかたちでの仮設住宅への移行を促す政策だった。ただし，すべてのケースで地理的まとまりを得られたわけではなく，地理的制約（リアス式海岸と背後の山に挟まれ平地が確保できないなど）から地域ごとのまとまりをもつケース，従来の公平な抽選方式のケース，その混合型までバリエーションができた。

感情の共有化を図り孤独死に打ち克つ

　みなさんは隣近所の人と挨拶をかわすだろうか？　ひょっとするとマンション暮らしであれば，隣の人の名前すら知らない人もいるかもしれない。ここで紹介する自治会は，震災前にはあまり挨拶もしないような"冷めた"人間関係であったという。それを念頭に置きながらみていこう。

　地域でまとまって入居したある仮設住宅では，入居後すぐに自治会（町内

第11章　未曾有の災害に人はどう対応していくのか？

図11-2　チャイルド・ティールーム
出所：佐藤航太撮影

会）を立ち上げた。自治会設立の背景には，仮設の部屋に高齢者が閉じこもるようになれば阪神・淡路大震災のときのような孤独死やアルコール依存症などが繰り返されるという危機感があった。

「化石と砂利の遭遇（チャイルドパーク＆ティールーム）」と自治会長が名付けた取り組みがある（図11-2）。化石は高齢者，砂利は子どもたちをさし，世代の違うもの同士が交流できる工夫である。集会所で開いたお茶っこ会という催しでは高齢者が子どもたちの屈託のない笑顔に癒され沈みがちな気分を明るくすることができた。また，子どものために作った「動物園」のウサギに高齢者がこころの奥底でためている愚痴を吐露したり，地元の方言を使ったあいさつ運動を実施している見守り隊は，手の届かない被災者のこころのケアに間接的ながら介入していくことになる。

自治会の積極的な実践は，行政支援やボランティア活動では把握できないことまで，かなり入念にサポートする仕掛けを生み出した。専門家目線ではなく生活感覚での工夫である。この自治会では津波や地震を知らない人たちが実際に被災現場を見学する体験ツアーである被災地ツアーを被災者自身によって行った。

仮設住宅は買い物するのに不便な場所にあるため，大型ショッピングセンターまで福祉バスで買い物に行ったが，若者の行く場所であるため時間を持て余

してしまい，一度被災地までバスで行ってみようということになった。震災の後初めて自分が暮らしていたところをみた高齢者は，小高い丘にのぼり，家がなくなってしまったとお互い肩を抱いて泣きあった。

　さらに，アルコール依存症を誘発するとして仮設住宅では禁止されているお酒を飲ませる会まであった。これは酒を飲むなら，ちびちび深夜ひとりで明け方まで際限なく飲むのでなく，みんなで楽しく飲んですっきりすればよいのでは，という逆転した発想から生まれた。この会のターゲットは，プライドが高いためお茶会などには行けないといって孤独にアルコールを飲み続ける「高齢男性」である。

　みんなでいっしょに泣いたり笑ったり，感情を共有することで，心が折れそうな場面に対処していた。地域的なつながりをベースにして感情の共有化を図ることによって1人だけが災害を背負っているという重石をできるだけ軽減する役割が自治会の実践にはあった。

オーダーメイドのまちづくり

　地域や家を失った被災者が，避難所から仮設（みなし）住宅，そして復興公営住宅（自立再建）へと復興段階を歩むなかで最終的なゴールイメージは「自立」というキーワードであらわされよう。自立ということのひとつには自分で稼いだお金で生計をたてていくことがある。被災者支援から自立して生活を組み立てることが求められる。

　復興住宅は外見上は立派にみえるが，実態をみてみると，遮蔽された壁やドアで隣の人が誰かもわからない。孤独死が出ていたり，名ばかりの自治会だったりで，コミュニティが成立していないものまで存在する。つまり多くの復興計画は，新しい家の鍵を渡せば終わりというかたちのレディーメイド（既製）のまちづくりを最終段階と考えている。

　そのなかにあって，1800人にものぼる集団移転を実施した宮城県東松島市のあおい地区の場合，最初の復興公営住宅への入居予定から実に3年以上前の時点ですでに，移転先のまちづくり整備協議会を立ち上げていた。自分たちがこ

れから住むまちは，ただそこに住まされるだけのまちではなくて，自分たちがどのようにすれば暮らしやすいまちになるのか（環境をよくするのか）という思いからである。

　移転するまでに年間120回以上の「井戸端会議（ワークショップ）」が開かれている。まちづくり協議会は，部門ごとの専門部会に分け，いずれの部会もユニークなアイデアで充たされている。

　この地区では，大人数の集団移転ながら暮らしやすい街にするためにくじ引きは最後の手段とし，平等の手法は後回しにされた。移転先にまだ誰も住んでいないのに，交流会を移転2年前よりもちはじめたが，そこで仲よくなった人たちが移転先での家が離れていては行き来がしづらくなってしまい，孤立化を招いてしまう。そこで協議会では「区画決定ルール検討部会」を作って，できるかぎり親子や親戚や震災前の隣組などの顔見知り同士が近くに住むしくみを模索した。

　区画は，回覧板を回しやすい20世帯ほどをワンブロックと位置づけて15のブロックに分けた。複数世帯のグループでもエントリーできるようにし，好きな人同士でどのブロックにするのかという希望を決める。細かく区分されているので，同じブロックであれば，多少離れていても2～3軒の範囲で動けるので納得がいく。競合グループがいない区画から随時決まっていき，検討部会の方で，こちらがうまいこと空いているけどもどうですかというかたちで希望者に促したり，交換をしたりするのを4回程度繰り返して，ほぼどの家がどの区画に入るかが決まった。こうして245世帯の区画割は移転前には住民合意のもと決まっていた。

　このように手間暇かける理由は，そのときだけではなく，これから長いお付き合いをしていく近隣なので，コミュニケーションを図りながら満足感をあげる狙いがあった。

　もうひとつだけ，工夫をみてみよう。地区に4つの公園を作ることになったが，行政論理からいえば，ブランコ・滑り台・砂場などお決まりの遊具を備えた4つの同じ公園をつくっただろう。ところが，この地区では，公園の機能を

図 11 - 3　健康づくりのための公園
出所：筆者撮影

地区の「物語」に合わせて，4つに創りかえていった。

　桜や紅葉を植樹して，花見や祭りをするための多目的な機能をもたせた一番大きな公園，ケヤキ並木をつくり冬には街を明るくするためのイルミネーションが点灯する駅前の公園，高齢者が体を動かせるように20種類のさまざまな健康器具を並べた公園（図11 - 3），そして子どもたちが安心して遊ぶための公園を作った。住民からの意見を吸い上げたうえで，要望書を市に提出して，金銭的にむずかしいところはスポンサーをつけて行政にはサポート役にまわってもらって検討してもらい実現にこぎつけたのである。

　長らくまちづくりを支援している延藤安弘は，現代社会において社会的惰性化を作り出している私たちの心の習慣は，次の4つの側面が相互に強く規定しあう悪循環を生み出していると指摘している（延藤 2013）。その4つとは，「行政・住民の在来的関係（制度主義・予算主義・議会偏重主義）」「参加の不十分さ」「空間デザインの欠如」「マネジメントの不在」である。行政だけでなく，住民の無関心と受動的な姿勢によって，バラバラな人間関係，話し合いのなさ，合意形成のなさを惰性的に生み出し，かかわりの機会と住民力を養うソフトが不在のハコモノを作り出す。

　この地区と他の地区との対比で言うならば，仮設住宅の時代から従前にしっかりとした社会関係資本と言われるソーシャル・キャピタルをしっかりとつく

4 「死者」とどのように折り合いをつけるのか

死者忌避論

　生きている人間ですら復興の過程で見過ごされるなか，ましてや災害で亡くなった人は多くの人の意識にすらのぼらない。時間の区切りとともに死者を早く忘れて前を向いて生きようという話がそれとなく始まる。ここでは，災害による死者とどのように人々は折り合いをつけようとするのかをみてみたい。

　死者があまりに早く忘れ去られると，残された遺族は社会的に取り残された気持ちを抱く。本来災害は，それまでふだんあまり意識することもなかった死について，振り返る機会を与えてくれるはずである。ただし，一般的には，死を語りたがらない死者忌避論が優勢を占めているので，夥しい災害死がその場にありながら，私たちの目にふれることはほとんどない。そのことが忘却の彼方へと死者を追いやっている，そういう状況がある。また死者の数だけが問題になることについて，ある哲学者は，死は他人が代替不可能な「その人だけの死」であるにもかかわらず，それぞれの死者に視点を合わせていないと指摘する（中島 2014）。つまり，ある環境は，生きて目に見えるものだけではなく，見えない死者をも含んでいる可能性がある。そのことを次に考えてみよう。

幽霊を語る被災者

　津波による被災の現場では多くの幽霊の目撃談や怪異譚が語られていた。幽霊なんて信じないという人が大半かもしれないが，授業でアンケートをとってみると，7割が幽霊の存在を信じるという結果となった。

　「被災地，タクシーに乗る幽霊　卒論に」というネット記事がある。記事には約200万件のアクセスがあり，その後別のニュースサイトに転載された際には約3倍の人に読まれた。とくに若い人たちが反応を示し，自分が読んだだけでなく，シェアしたりリツイートした数も多かった。自分が読んだ興味関心あ

る記事を他の人と"共有"したいという願望に支えられていたのだろう。ふつう死は孤独に静かに考えるものだが，この感覚をあるリアリティをもって受け止めたいと思ったのだろう。

　記事にとりあげられたのは次のような事例である（工藤　2016：6-7）。

　タクシー運転中に手を挙げている青年を発見したので車を停めると，マスクをした男性が乗車してきた。恰好が冬の装いで，ドライバーが目的地を尋ねると，「彼女は元気だろうか？」と答えてきたので，知り合いだったかなと思い，「どこかでお会いしたことありましたっけ？」と聞き返すと，「彼女は…」と言い，気づくと姿は無く，男性が座っていたところには，リボンが付いた小さな箱が置かれていた。タクシーは乗客を乗せるとメータを賃走に変えるが，しかし，消えてしまった乗客のことを同僚や会社に報告するわけにもいかず，自腹で運賃を支払っているケースもあった。ドライバーは未だにその箱を開けることなく，彼女へのプレゼントだと思われるそれを，常にタクシー内で保管している。

　これからも手を挙げてタクシーを停める人がいたら乗せるし，たとえまた同じようなことがあっても，途中で降ろしたりなんてことはしないよとインタビューに答えている。そして，いつかプレゼントを返してあげたいとも言う。当初信じられない出来事に恐怖を覚えたドライバーも，家族や同僚には話していないがよい思い出として自分のなかだけで大切に抱いている。

　人は死んだら終わりなのだろうか？　死んで焼かれれば骨になってしまうので，物言わぬ死者はあちらの世界の存在と放り投げてしまうこともできるだろう。上の話をしてくれたタクシードライバーは身内を亡くしていないが，そういう人でも，未曾有の被害や何千人もの死者について簡単には理解できないかもしれない。そのことを次に考えてみよう。

曖昧な喪失における意味の豊富化

　幽霊現象の背景には,「曖昧な喪失」(Boss 1999＝2005) である死が東日本大震災において多かったことがあげられる。「曖昧な喪失」は家族社会学者のポーリン・ボスの言葉で,亡くなって遺体を埋葬するような死＝「明確な喪失」と区別される。行方不明者の遺族が抱いた喪失感とは,まさにそのようなものであった。死の実感がわかず(2),どうやって死として認定していいのかわからない。いわばさよならのない別れである。さよならも言わず突然逝ってしまった別れなのである。今日会った家族や友人に明日も会える保証はどこにもない。

　だから家族は未だ自分のもとに現れない人に会いたいと切に願っている。タクシーの事例にとどまらず,幽霊の目撃談がでると,競うように目撃場所にはやる気持ちをもって押しかける人がいる。「ああ,いなくなっちまったのかな……津波で死んだ人間の幽霊だったら会いたかったのに」というその人の言葉から,たとえ幽霊であっても行方不明の肉親に会いたい一心だということがわかる (土方 2016：91)。

　なぜ幽霊との出会いを忌避するのでなく,もう一度乗せてあげるよというように歓迎しているのか。死者との別れには葬儀や慰霊祭のような宗教的儀礼がある。これは,彼岸 (あの世) を想定した鎮魂で,あちらの世界に死者を送り込む。しかし,行方不明者を多く抱えるような大震災では,彼岸に送るという通常の葬送は不向きな面もある。行方不明とは死んでいるか生きているかわからない状態が長期にわたって続くことだからである。

　そのようななかで,家族が行方不明の人たちは,生者と死者のはざまにあるという不安定な状態を無理に解消しようとしない。曖昧なものを曖昧なままにして生と死のあいだにある領域をプラスに転化する方法を自ら工夫しているのである。

　死者を祓ったり祀ったり,供養するべき対象としてとらえることもできる。しかし,津波の被災地においては,生者と死者のあいだに存在する曖昧な死は,必ずしもマイナスだけの意味を帯びない。タクシードライバーが二度と出てくるなと追い払うのではなく,再び現れたとしても温かく迎え入れるような幽霊

との出会いなのである。

　タクシードライバーの幽霊に対する態度と私たちのそれの受け止め方は、死者であろうとこの世にいてもよいと死者の世界が地続きの環境であることを示唆する。

5　災害レジリエンスに欠かせないもの

　私たちは未曾有の災害にどのように対処すればよいのか。これまでみてきたように、災害発生リスクがゼロという場所にすべての人が住むことができない以上、私たちに問われているのは災害リスクとどのように共存すればいいのか、ということであった。つまり、リスクを完全に排除するのではなく、どのようにしてリスクを受け入れるかが実践的に求められている。

　そのヒントとなるキーワードにレジリエンスがある。

　地震といっても被害やその復興のあり方には大きな違いがでてくる。この「大きな違い」というのは、震災に対する備えがあるかないかで随分その後の対応が異なってくることをさす。とりわけ、自然災害の猛威やリスクを低減できるかどうかは、地域社会がレジリエンスをもっているかどうかに大きく左右される。

　レジリエンスとは何か？　レジリエンスとは、直訳すれば「回復力」とか「抵抗力」のことで元々物理学の用語だったのが転用され発達心理学や社会学に用いられるようになった。たとえば同じインフルエンザウイルスであってもかかる人とかからない人がいる。その差は、抵抗力だったり免疫だったりの強弱によって生じるが、レジリエンスがあれば、たとえインフルエンザにかかったとしても回復は早くなる。人工的にレジリエンスを高めることも可能で、予防接種もその方法のひとつである。

　災害のときに発揮されるレジリエンスとは、困難な状況に直面してもその状況に適応できるようなちからのことであり、いざというときに備えて危機を許容する幅を拡げておくことにより、それは向上する。壊滅的な状況のなかで見

逃されがちな，地域内部に蓄積された問題解決能力を，レジリエンスという言葉は射程に収めている（浦野 2007）。

ある研究者は，社会的レジリエンスを決定づける最大の要因は，コミュニティの適応能力と危険を察知して介入し仲裁する能力であるという。そのうえで，権威主義的な押し付けによってレジリエンスは得られず，人々の日常生活と密接にかかわる社会構造や人間関係のなかで育まれなくてはならないと警告を発している（Zolli & Healy 2012＝2013：281）。

この指摘はこれまで私たちがみてきた議論と重なる部分が大きい。科学的な津波のシミュレーションによって災害を考えることは，性急な復興によって外から枠組みを提示することと同じである。ところがそれでは，一番の主役であるはずの被災した人々の主体性が削がれる可能性がある。のみならず，亡くなった人々も災害復興の主体になりうる可能性を閉め出す。

読書案内

川島秀一，2017，『海と生きる作法――漁師から学ぶ災害観』冨山房インターナショナル。
　三陸沿岸の生活文化を長年フィールドワークしてきた著者が，津波という外部的な事象といかに付き合い飼いならしてきたのかを芳醇に描いている。本書は死者や呪術とのかかわりから海の世界に向き合って生きていく意味について考えさせられる点で示唆深い。

金菱清（ゼミナール）編，2016，『呼び覚まされる霊性の震災学――3.11生と死のはざまで』新曜社。
　いずれの論考も大学生3年生がフィールドワークを一年かけて行った成果を文章にしている。タクシードライバーの幽霊現象や慰霊碑のタイプ分けなど，従来のものとは異なる死者との距離感をはじめ震災において死者がどのように扱われてきたのかを学ぶことができる。

畑中章宏，2017，『天災と日本人――地震・洪水・噴火の民俗学』筑摩書房。
　災害民俗学の切り口から，地域環境のなかで根付いてきた知恵や工夫を，水害・地震津波・噴火・雪風害に分けながら論じる。自然現象を越えて日本人が災害に対峙してきたことを読みやすく論じている。

第Ⅲ部　他者としての環境

注

(1) 中央防災会議「東北地方太平洋沖地震を教訓とした地震・津波対策に関する専門調査会報告」(2011年9月)において，発生頻度別に2つのレベルの津波が想定された。まず数十年から百数十年に一回程度発生する津波をレベル1として，人命保護に加え，住民財産の保護，地域の経済活動の安定化を目指し，次に数百年から千年に一回程度発生する最大クラスの津波をレベル2として，住民等の生命を守ることを最優先として，避難を軸に対策を進めることが確認された。
(2) ポーリン・ボスは，曖昧な喪失が多くの人々に長期にわたって深刻なストレスフルな状態を引き起こす一方で，それだけにとどまらず，彼女ら彼らの人生を"前進させている"という事実についても注意を払っている（Boss 1999＝2005）。

文献

Boss, P., 1999, *Ambiguous loss: Learning to live with unsolved grief*, Harvard University Press.（＝2005，南山浩二訳『「さよなら」のない別れ　別れのない「さようなら」——あいまいな喪失』学文社。）
千葉一，2014，「海浜のあわい——巨大防潮堤建設に反対する個人的理由」東北学院大学編『震災学』4：135-143。
延藤安弘，2013，『まち再生の術語集』岩波書店。
土方正志，2016，『震災編集者——東北のちいさな出版社〈荒蝦夷〉の5年間』河出書房新社。
金菱清，2016，『震災学入門——死生観からの社会構想』筑摩書房。
金菱清編，2016，『呼び覚まされる霊性の震災学——3.11生と死のはざまで』新曜社。
川島秀一，2012，『津波のまちに生きて』冨山房インターナショナル。
気仙沼漁業協同組合，1985，『気仙沼漁業協同組合史』気仙沼漁業協同組合。
気仙沼魚問屋組合，2001，『五十集商の軌——港とともに　気仙沼魚問屋組合史』気仙沼問屋組合。
工藤優花，2016，「死者たちが通う街——タクシードライバーの幽霊現象」金菱清編『呼び覚まされる霊性の震災学——3.11生と死のはざまで』新曜社，1-23。
中島義道，2014，『反〈絆〉論』ちくま新書。
佐々木広清，2013，「命を守る防潮堤を"拒否"する人々——地域社会の紐帯を守るために」金菱清（ゼミナール）編『千年災禍の海辺学——なぜそれでも人は海で暮らすのか』生活書院，46-67。
佐々木宏幹，2012，「東日本大震災は何を変容させたのか」『生活仏教の民族誌——誰が死者を鎮め，生者を安心させるのか』春秋社，204-247。
寺田寅彦，2011，「津波と人間」『天災と国防』講談社学術文庫，136-145。

内田樹，2004，『死と身体——コミュニケーションの磁場』医学書院。
浦野正樹，2007，「脆弱性概念から復元・回復力概念へ——災害社会学における展開」浦野正樹・大矢根淳・吉川忠寛編『復興コミュニティ論入門』弘文堂，27-36。
若松英輔，2012a，『死者との対話』トランスビュー。
若松英輔，2012b，『魂にふれる——大震災と生きている死者』トランスビュー。
結城登美雄，2015，「小さなつどいとなりわいがつなぐ復興」『世界』867：94-100。
Zolli, A. & Healy, A.M., 2012, *Resilience: Why Things Bounce Back*, the Zoe Pagnamenta Agency.（＝2013，須川綾子訳『レジリエンス　復活力——あらゆるシステムの破綻と回復を分けるものは何か』ダイヤモンド社。）

第12章 環境をめぐって人々はどのようにいがみ合うのか？

足立重和

POINTS

(1) 環境を守る要としてのコミュニティ内部の信頼関係は，一見すると強固なようでいて，実は容易に裏切りの可能性を秘めたもろいところがある。

(2) コミュニティの信頼関係に亀裂を入れるきっかけをつくるのは，国家，地方自治体，大企業などの外部権力である。外部権力は，コミュニティにとっての「生活条件」になっている。

(3) コミュニティ内部に亀裂が入ったときに起こる現象が，内部分裂である。そこでは，「言い分」を同じくする住民ごとに複数のグループが形成され，激しい争いが演じられることがある。

(4) 内部分裂だけでなくいじめと差別も起こる。いじめと差別は，少数者への嫌がらせを繰り返し，コミュニティから孤立させる。このような孤立は，環境破壊がそれまでの人間関係も破壊するという「被害」である。

(5) コミュニティ内部には内部分裂，いじめ，差別という"負"の要素が潜んでいる。だが，環境保全への有効性を考えたとき，コミュニティの"負"の要素を克服することがいま私たちに求められている。

KEY WORDS

相互不信，外部権力，言い分，内部分裂，いじめと差別，多様なライフスタイル

1 コミュニティは万能か

これまで見てきたように，本書を通じて一貫していたのは，環境を守るうえ

でたいへん重要なのは「地域コミュニティ」だという点であった。コミュニティは，環境保全の"要"として大きな役割を果たしてきた。そうであるならば，大切な環境を守ったり，今ある環境問題を解決したりする"万能薬"がコミュニティだと考えるかもしれない。だが，コミュニティという組織をつくっているのは，複数の人々である。人間と人間の集まりなので，当然ながら自分の思い通りにはいかないし，それは他人にとっても同じことだ。個々人の思惑が錯綜するだろうし，何らかの"ちから"（＝権力）が渦巻いているのかもしれない。すれ違いや対立は，むしろ常態と考えていいだろう。つまり，人間が完璧ではないのと同じくコミュニティもまた完璧ではないのだ。

このことは，コミュニティ内部の「相互信頼」にもあてはまる。第2章で私は，環境問題に対して住民の発言がちからをもつ根拠のひとつとして，住民どうしが相互に信頼し合うことが重要であると論じた。それを社会学では「社会関係資本」（ソーシャル・キャピタル）と呼んできた。"信頼"と聞けば，その言葉の響きにどことなく"美しい"ものを感じるのではないだろうか。住民どうしがお互いに信頼し合って身近な環境をよくしていく――なんて美しい関係だろう，と。

ところがその一方で，信頼というものは，いとも簡単に裏切られる恐れがある。つまり，信頼は，守りつづけられるという保証はなく，無根拠なのだ。どういうことか。ちょっと環境から話はそれるのだが，私の両親は，私が子どもの頃から「いくら仲のいい信頼できる人であっても，絶対に借金の保証人になってハンコを押してはいけない」と，ことあるごとに忠告してきた。この忠告は，みなさんも一度は耳にしたことがあるだろう。たとえば，互いに「親友」と呼ぶべき友人に「ちょっとお金を貸してほしい」と頼まれ，「親友」だからと貸したら，相手も「親友」だからとちゃんとお金を返してきた。その後，貸しては返され，を繰り返したとしよう。そのような関係を前提に，今度はその親友が「絶対に迷惑をかけないから，借金の保証人として，この書類にハンコを押してほしい」と頼まれたら，あなたはハンコを押すだろうか。あなたの親友がこう頼んだのを想像したとき，あなたはどう返答するだろうか。

もちろん，「押す／押さない」といろいろな反応があるだろうが，ここで「押す」という決定をくだしたとしよう。このとき，親友を信頼してハンコを押したとして，確実にその親友が返済するという保証はあるのだろうか。おそらく，今まで親友としてかなり何回もお金を貸す／借りるということをつづけてきたので，彼／彼女が言っていることは今回も信じることができるし，私に迷惑をかけるような人ではないから，となるだろう。だが，これまでの実績やその人の性格を信頼の担保としたところで，これまではたまたま返済されただけであって，将来も確実に責任をもって返済するという保証にはならない。もしかしたら，あなたの前から突如として姿をくらませるかもしれない。そんな例は，過去にも山のようにあったろう。その友人が本当に返済するかどうかはわからないのだ。つまり，信頼とは，結果をみるまでは"一か八か"の賭けのようなものなのである。"人を信じる"ということには，実は何の保証もなく，ただただやみくもに，「エイヤー」と目をつぶって"信じる"しかないのだ。だからこそ，実際に裏切られたとき，「あれだけ信じられる人だったのに，なぜ……」というショックは計り知れない。つまり，信頼はかなりもろいものなのである。このことはコミュニティ内部の相互信頼でも同じことだ。

　ちょっとした相互不信が徐々に大きくなっていき，やがてコミュニティの内部が不穏な状況に陥ることがある。すなわちいがみ合いである。日本社会には非常に長いコミュニティの歴史があるのだが，そのあゆみには当然ながらいがみ合いの歴史も含まれている。そこで，この最後の章では，コミュニティの"負"の側面であるいがみ合いとはどのようなものであり，またどのようにして起こるのかを見ていくことにしたい。なぜこのようなテーマを扱うのかと言えば，環境社会学を学ぶうえでコミュニティが両義的であることを知り，これからのコミュニティはどうあるべきなのかを考えてほしいからである。

2　いがみ合いのきっかけとしての外部権力

　コミュニティの住民は，何もすき好んでいがみ合いたいわけではない。そこ

には何らかのきっかけがある。きっかけとなるのは，外部からの権力である。ここでいう外部からの権力とは，コミュニティに大きな影響を与える，外部組織のちからのことである。たとえば，国家，地方自治体，企業などがそれにあたる。これらの外部権力は，コミュニティに強圧的に働きかけてくるのである。これはいったいどういうことなのか。ここでは，外部権力の最たるものである「国家」を例にとろう。

 そもそも，国家とはひとつの組織であり，それは明確な意思をもっている。そう言うと，「え，そうなの？」と疑問に思うかもしれない。というのも，ふだんの日常生活で，私たちは，国家なんて意識することがないからである。"ふつう"に暮らしていたら，国家はまるで"無色透明"に思える。だが，あなたが日常で国家を感じられないのは，たまたまその意思に沿った生き方をしているだけであって，もしそこから逸れてしまったら，国家の意思は明確なかたちをもってあなたの前に立ちはだかる。

 日本の近代史を振り返れば，明治以降，西欧の列強国（先進国）に追いつけ追い越せと，日本社会は「近代化」というひとつのレールをひた走ってきた。近代化という掛け声のもとで，日本は，急激に西欧化し，工業化し，都市化した。そのための政策を強く推し進めてきたのが，日本国という近代国家である[1]。他方で，近代化の負の側面である環境破壊への対応は，きわめて冷淡でありつづけた。近代化という発展モデルを唯一の道としながら，その路線に邪魔となる，あるいはそれに反対する者たちを容赦なく切り捨てた。たとえば，一級河川の上流部には必ず水力発電用のダムがあるが，それは戦後，都市部の工業地帯に電気を送るために，そこに住む人々の意思などお構いなしに立ち退かせ，そこにあったムラ＝コミュニティをダム湖に水没させることでつくられた施設であった。このように国家は，自らの思惑を貫徹する明確な意思をもっていると言えよう。

 こうした国家の意思に対して，身近な自然を享受しながら生活を立ててきたコミュニティが，どうしようもなく向き合わざるをえなくなった場合，ときには抵抗したり，ときには同調したり，あるときはそのインパクトを自分たちの

第12章　環境をめぐって人々はどのようにいがみ合うのか？

図12-1　生活環境の変化に至るプロセス
出所：鳥越（1983：162；1997：36）の2つの図を1つにまとめて作成。

都合で改変したりして，何らかの対応をとるよう迫られてきた。つまり，国家などの外部権力は，コミュニティ生活の土台を揺るがす「生活条件」（鳥越1983：161；1997：36）と言ってもよい。

　ここで図12-1を見てもらいたい。まず，向かって右端の(1)を起点に，外部権力による大規模開発などの環境改変の要求が，新しい生活条件というインパクトとなって，(2)のコミュニティに押し寄せる。コミュニティの内部では，そのインパクトを，(2-1)自分たちの日常的な知識や規範をフィルターにしながらどのように対応すべきかを決定する。その決定を受けて，コミュニティは，具体的に対応する装置としての生活組織を再編する。このとき，もし生活条件のインパクトが弱まっていけば，コミュニティは，生活組織を解消することもありうる。このようなプロセスをへて，最終的に(3)生活環境の変化が生じるのである。ここでいう生活環境の変化には，(1)と(2)の関係のなかで，コミュニティが激しく抵抗したことでそれまでとまったく変わりがないケースから，新しい生活条件のインパクトをコミュニティの都合に合わせて多少改変したケース，さらにはそのインパクトを全面的に受け入れることでの大幅な改変をしたケースまでを含めている。このように見れば，コミュニティという人間関係は，外部からもたらされる環境破壊への最後の"防波堤"の役割を果たしているのがわかるだろう。それだけに，コミュニティはしっかりまとまっていなければならない。

ところが，相対する国家などの外部権力には豊富な資源（資金，人員，権力，情報など）がある。そのような外部権力が自分たちの意思を貫徹しようと長期的に働きかけつづけることで，当初は鉄壁の「信頼」を誇ったコミュニティに，ときとしてほころびが見えはじめる。そこを外部権力は突いてくるのだ。なんという「上位の社会システムからのあくどい操作」（鳥越 1997：271）なのだろうか。

3　環境をめぐっていがみ合うとき

内部分裂

　環境を守る"防波堤"としてのコミュニティに亀裂が入ったとき，コミュニティの内部には何が起こるのだろうか。それは内部分裂である。

　図12-1に立ち返ってみよう。図12-1では，(2)のコミュニティの内部に組み込まれた，(2-1) フィルターとしての日常的な知識や規範がまるで一枚岩のようにえがかれている。だが実際には，環境改変という生活条件に対処するための日常的な知識や規範は，枝分かれしていたり，そもそも複数あったりするのが常態である。新しい生活条件というインパクトに対処するために，当初は住民のあいだで一枚岩的に共有されていると想定された知識や規範も，住民間の考え方や行動の違いが表面化し，実はそうではなかったという違和感が露になる。

　そうなると，徐々に同じ考え方や行動をとる者どうしでコミュニケーションを取り合って，自分たちの考え方や行動を正当化する論理を立てて，それを中心にグループを形成するようになる。このときの正当化の論理を，環境社会学では「言い分」と呼んでいる（鳥越 1997：36-40）。「言い分」は，言葉となって別のグループの住民を説得すると同時に，自分たち自身をも納得させる「統制的発話」（足立 2010：8）となって，自分たちのグループの勢力拡大とグループ内の引き締めに向かう。

　こうして複数の言い分にもとづくグループができあがると，それぞれが自分

たちの正当性や固有性を主張して，お互いにせめぎ合う。そのせめぎ合いの結果，強いちからをもつグループが弱いグループを吸収・統合して，またひとつのまとまりを取り戻すかもしれない。しかし，そのせめぎあいが激しくなり，お互いのちからが拮抗した場合，（2-2）の装置である生活組織が分裂し，別組織として行動しはじめる。ここに至って，コミュニティは，内部分裂を起こすのだ。

　例をだそう。1980年代後半，東海地方を流れる長良川の河口から上流約５キロ地点に建設・着工される「長良川河口堰」をめぐって，マスメディアまで駆使した全国展開の大規模な反対運動が起こった。(2)都市部在住の川釣りを愛するアウトドア・ライターであったリーダーは，流域各地のなじみの漁師や釣り人たちに呼びかけ，彼らの自然観を前面に押し出したメディア戦略をとった。これが当時のアウトドア・ブームの波に乗り，この運動は，全国各地に支部ができるほどの盛り上がりを見せた。長良川中・上流域に位置する岐阜県Ｘ町も，川釣りが盛んな土地柄で，全国リーダーの呼びかけに応えた地元の釣り人たちが中心の反対運動が町全体を巻き込んで展開された。

　ところが，1990年代前半に実施されるＸ町長選をめぐって，全国リーダーから地元運動のリーダーを立候補者として擁立してほしいという選挙出馬要請に応えるべきとする「選挙賛成派」と，応えるべきでないとする「選挙反対派」の２つのグループができてしまう。賛成派は，「これまでの活動の実績から政治の舞台に出るのは当然」で，このタイミングを逃すべきではなく，「選挙に負けても自分たちの意思表示ができる」し，「地域のしがらみに縛られることなく自分たちの意見を自由に言うのが環境運動だ」との言い分を立てた。これは，全国リーダーをはじめとする都市部の環境運動が抱きがちな「自立した個人」を前提にした環境運動のモデルである。その一方で，反対派は，「河口堰を争点にした運動と町の生活全体にかかわる町長選挙は別」で「もし負けたら，その後の町での人間関係をぎくしゃく」してしまうため，「地域の生活や人間関係に配慮した環境運動を地道にやっていくべきだ」という言い分を立てた。この言い分も，地域社会に典型的なものだ（足立 1995）。

町長選への出馬時期が迫るなかで，両派は，わずか4ヶ月ほどのあいだに何度も会合を重ねるが，2つの言い分はずっと平行線をたどり，両者はやがては苛立ちを募らせ，激しい言い争いを演じるようになる。そうなると両派は，明確に敵対性をより強く自覚するとともに，自らの「固有性を確保する」ようになる（鳥越 1997：39）。どういうことかといえば，両派は，町長選出馬をめぐって言い争う前には当然と受け止めていた，この同じ町に暮らし，川釣りという同じ趣味から同じ自然観を共有していたことにまで疑いの目を向け，「微妙な差異」（鳥越 1997：40）を見出そうとしたということである。その微妙な差異から，当初掲げた言い分とは離れて，相手グループの個々人の経歴，職歴，反対運動歴，さらには人づきあい，人柄の"違い"に言及して，「だから，あの人たちとは違うんだ」と結論づけていく。そして最後には，賛成派は別組織を立ち上げ，この運動は分裂に至ったのだ。
　このX町の事例は，外部権力を前にコミュニティ自らが分裂に至ってしまったケースだが，より直接的に外部組織が分裂に介入するパターンもある。その介入の典型は，お金である。つまり，大規模開発の償いや見返りに開発側から支払われる補償金や交付金などが絡むと，コミュニティの内部分裂は，よりいっそう，嫉妬渦巻くものとなる。
　たとえば，ダム建設で故郷が水没するコミュニティを例にとろう。多くの場合コミュニティは，ダムによる移転に対して，一丸となって「絶対反対」の立場をとる。開発主体の国家は，水没予定地のコミュニティに対して，世帯単位で代替の土地を提供するのはもちろん，今後の生活を賠償するための補償金を支払わなければならない。移転先はどのようなところか，補償額はいくらになるのか——これらの条件が交渉される。条件交渉が始まると，強固な国家権力を前に，「絶対反対」の立場が揺らぎはじめ，「賛成」「条件付き賛成」「反対」という3派に分かれがちである。
　国家としては，交渉のテーブルにいち早く着いたグループから順々に妥結にもっていこうとする。もし賛成派が交渉の末，いち早く移転に同意したとしよう。そうなると，残された2派は，「国に擦り寄って，自分たちだけいい条件

を得ようとしている」「早々と先祖代々の土地をお金に換えた」と非難するだろう。つづいて条件付き賛成派も同意すると，他の2派から「明確な立場をとらずに，うまく立ち回って交渉を有利にしようとしている」などと非難されるだろう。最後の最後まで反対を貫いた反対派に対して，他の2派は「最後までゴネるだけゴネて，補償金の額を吊り上げようとしている」と非難するだろう。つまり，どのグループも補償金がおりるという前提から，"これからのムラのために……"という「言い分」とは別に，他のグループの行動を「お金のために」と解釈しようとする。そのような噂が広まれば，ますます相互不信は大きくなり，内部分裂の溝は深まってしまうのだ。

いじめと差別

　内部分裂は，コミュニティ内部で考えや行動をともにする者どうしがグループになって，他のグループと争うことだった。そこでは，グループ間のちからは拮抗していた。ところが，拮抗するどころか，圧倒的少数の住民が，圧倒的多数のグループに取り囲まれたときにはいじめや差別が発生する可能性がある。内部分裂にはまだ仲間がいた。だが，いじめや差別は徹底的に被害者を孤立させる。

　一見すると，いじめや差別には，表立ったいがみ合いや対立は見られない。しかし，そこには，加害者からすれば被害者への"いたぶり"が，被害者からすれば加害者への"恨み"が，潜伏している。そういった意味で，いじめや差別は，「潜在的ないがみ合い」とでも言うべきものが根底にあり，表立ったいがみ合いは，加害者側の圧倒的なちからによって抑え込まれているだけなのだ。

　コミュニティ内部でのいじめや差別の典型は，戦後日本の公害問題の原点とも言うべき，熊本県水俣市で発生した「水俣病」である。あなたも水俣病問題を聞いたことがあるだろう。世界にも衝撃を与えた社会問題である。

　1950年代前半，水俣市の不知火海沿岸では，ネコが突然くるくる回って海に落ちて死ぬといった異常死や狂死が多発する。住民たちが何かおかしいと気づいたとき，今度は，同じ地域で死産や流産の発生率，脳性麻痺を負って産まれ

た子どもの出生率が上昇する。それとともに，激しい痙攣や痛みに襲われる原因不明の病で死んでいく人々が続出する。1956年になってはじめて，熊本県立水俣保健所は，医学書にも載っていないこの病気を公式に確認する。それから12年後の1968年，政府は，ようやく「水俣病」の原因が新日本窒素肥料水俣工場（以下，チッソ）から排出された有機水銀であると公式に発表した（飯島1993a：182-193；舩橋 2001：10-15；成 2003：10-11）。

　今でこそ，チッソの工場排水に含まれた有機水銀が不知火海に垂れ流され，それを魚が取り込み，その魚を人間が食べ，有機水銀が蓄積されることで中枢神経に傷害を与え，激しい痛みや痙攣などのさまざまな症状を引き起こし，場合によっては死に至るという水俣病のメカニズムが解明されている。だが，1956年の公式確認から1968年の政府発表までの少なくとも12年間，この病は，「奇病」とされ原因不明のままであった。しかも，患者は，漁民に集中していた。地元では，この病は"菌"による「伝染病」だと考えられていた。

　その当時に，水俣病を発症した住民は，コミュニティのなかでいったいどのような経験をしていたのだろうか。その一端を，2000年にNHKで放送されたドキュメンタリー番組『20世紀・家族の歳月　もやいの海──水俣・杉本家の40年』にてうかがい知ることができる。水俣市茂道集落に暮らしてきた杉本栄子さん（1938-2008）は，漁師の家に生まれた。杉本家は代々，船や網を所有して漁業を経営する「網元」の家として，多くの「網子」（＝網元のところで労働力を提供する漁師）を雇い，生計を立ててきた。栄子さんは，この家に一人娘として生まれ，いずれは婿を迎える跡継ぎとして期待されていた。毎日の食事では30名ほどの網子たちと食卓を囲み，家族同然にみんなで力を合わせて苦楽をともに暮らしていた。

　ところが，そんな平穏な生活が一変する。1958年夏，栄子さんが漁から帰ってくると，母親が激しい痙攣を起こしていて，一家は慌てて母を病院に担ぎこんだ。病院ではすぐさま隔離措置が待っていた。茂道で最初の患者だった。「あそこんうちには，恐ろしか病ばあったちゅばい」という噂を栄子さんは「いわれのないいじめ」と受け取った。まもなく，父も，そして栄子さん自身

も発症する。網元である父は,「人と人の和を大切にしてほしい」と栄子さんに言い聞かせてきたという。しかし,栄子さんは,いじめに耐えかねて「いじめ返しをしたい」と父に何回も訴える。だが,「いじめられても,いじめられても,いじめ返しはしてはいけない」と父は諭したという。被害者である自分たちがなぜいじめられなければならないのか。責任追及のため,1969年,父や栄子さんたちはチッソを訴えた。その1ヶ月後,父は水俣病で息を引き取った。

ところが,裁判に訴えた当時,すでにチッソの責任は明らかだったにもかかわらず,チッソはその責任を絶対に認めなかった。チッソは,水俣市に大きな税収をもたらし,地元住民を大量に雇用する優良企業だったからだ。チッソの恩恵を被っている住民と被害を受けている住民が同じ地域に暮らしている。「チッソば相手に裁判なんて,水俣もんのすっことじゃなか」と非難され,裁判を起こした杉本家はさらに孤立を深めていった。裁判には同じ集落から4軒が参加したが,次々に訴えを取り下げ,残ったのは杉本家だけであった。厳しくなる周囲の目に米を売ってもらえないときさえあった。

ここで,カメラは,突然の痛みで床に臥す栄子さんの隣の部屋で語る夫・雄さんの姿に切り替わる。その語りは,米が買えなかったときの食卓の風景からはじまる。元気な男の子ばかり5人の子宝に恵まれた杉本家。米はなくとも団子汁などでみんながまんして食事をしていたら,突然親戚のおばさんが訪ねてきた。次男がそのおばさんに「おばぁ,米はあっとか,うちはもう何日も米ば食べとらんとばい」と言ったという。それが一番つらかった……とそれまで気丈に取材に応えていた雄さんは涙ながらに語るのであった。

番組では,杉本家が受けた傍点部の嫌がらせを「いじめ」と表現しているが,栄子さんが「いじめ返しをしたい」と思い,さらに雄さんが涙ながらに思い出すほどいじめとはどんなだっただろうか。それを環境社会学者による別の記述から補ってみよう。

　　患者やその家族は,表通りを歩けば「奇病」と恐れられ,水俣病を「異」なるものとして避ける村人に嫌がられ,排斥された。地域社会の中

で身の置きどころがなかった患者家族も，仕方なく家近くの海辺伝いに歩いて，山をかき分け，鉄道線路を歩いて隔離病院の看病に通った。毎日看病に通う「人目を避けた隠れ道」こそが「患者の道」である。隔離病院では朝と夕方帰る時に，全身真白くなるまで消毒される。髪や着物についた消毒薬ははたいてもなかなかとれず，奇病家族の白い刻印となって町中の人の眼を射たという。水俣の海を生活の基盤としてきた村落から水俣病患者が発生する。そして当時の患者は同じ村落の住民から，それまで生活を共にしてきた隣近所の人や親戚・家族から白い目で見られ，陰湿な排除と差別を受ける。患者が家の前を通ると戸を閉めたり，路地裏に隠れたりする。店で買い物をすると，代金を直接手で受け取らずに火箸でつまんで受け取ったりする。（成 2003：11）

　この記述からも明らかなように，杉本家が受けたのは「いじめ」というより「差別」なのである。「奇病」というレッテルを貼られ，不当に徴づけられた少数の住民は，それまで信頼し合い，仲良かった多くの住民たちから，まるで手のひらを返したように差別され，それに耐えなければならなかったのだ。
　1973年，栄子さんたちはチッソ相手の裁判に勝訴する。だが，受け取った補償金1600万円では生活を立て直すことはできなかった。というのも，汚染された海で魚は獲れないし，獲っても「水俣の魚」というだけで市場は見向きもしないからだ。魚が売れない時期が約20年も続いた。そこで，補償金をもとにみかん栽培を始めることにした。身体の不調をおしての慣れない仕事。それでも夫とともに懸命に働かなければならなかった。働きづめの両親に代わって，5人の子どもの世話や躾は，すべて長男の担当となった。ところがそれまで"いい子"だった長男が，高校2年生のとき，投げやりになって家出を試みる。結局，高校は卒業し，東京に出てサラリーマンになった。不自由を感じたこともあっただろう長男への思いを，父である雄さんは，「それ（＝水俣病）がなかったらなぁ，ってチラッと出てくる」と語った。
　やがて長男の後を追うように，弟たちも次々と水俣を離れていった。番組で

第12章 環境をめぐって人々はどのようにいがみ合うのか？

は5人兄弟それぞれが家を出るまでの時代を振り返ってインタビューを受けるのだが，もっとも私の印象に残ったのは，3男の語りである。横浜で技術者として働いている3男にとって一番つらい思い出は，母親が痛みに耐えかねてあげるうめき声だったという。番組スタッフに「家族が水俣病であることは知っていた？」と尋ねられると，「知らんふりをしてた，聞きたくなかった，そうとは思いたくなかったっていうのが本音かな」と彼は答えた。そういう過去の記憶は消して，田舎での生活は捨てて，これからの生活だけを彼は見ようとしたのだった。

番組では，長男と4男が家に帰ってきて漁業を継ぎ，夫婦が孫にも恵まれ，集落との関係も徐々に回復するようすがつづくのだが，紹介はこのあたりにしておこう。

この番組が放送されてから3年後の2003年に，私は生前の栄子さんに会った。会ったといっても，そのときは栄子さんの講演を聞く一聴衆だったので，言葉を交わしたわけではない。2003年6月，第27回環境社会学会セミナーの第1日目の講演会「水俣病と私」というテーマでの講演のときである[6]。講演のなかで彼女は，水俣病を患って一番何がつらかったかについて，病気による肉体的なつらさよりも，それ以上に近隣から差別されたことがもっともつらかったと語ったのだ。私は，この語りに大きな衝撃を受けた。水俣病の患者たちにとって，私たちからは想像もできない壮絶な病の肉体的なつらさよりも，肉体的痛みはないにもかかわらず，いじめや差別によって"社会的に孤立させられる"ほうがよっぽどつらいのである。このことは，社会的孤立という状態が人間を，まるで精神がえぐられるように，もっともつらく絶望的な気分にさせることを意味している。

これについて，水俣病研究を使命とした環境社会学の先駆者である飯島伸子は，「環境破壊の結果として健康被害が発生した場合には，健康被害だけで被害がとどまることは少なく，多くの例で，被害者本人とその家族とが，最終的には生活構造の主要な構成要素である人間関係，生活水準，生活設計という3つの局面を大きく低下あるいは悪化させられることになる。こうした図式も，

1つの被害の社会構造である」（飯島 1993b：91-92）とし，公害からの「被害」のなかに，金銭での償いの対象にならない「人間関係」の悪化や破壊を含めた。そのうえで飯島は，このような「被害の構造」は，①生命・健康，②生活，③人格，④地域環境と地域社会という4つのレベルから成り立つ（飯島 1993a：80）とし，4つのレベルの関係を次のように位置づけた。

> 被害が，以上〔①生命・健康，②生活，③人格〕三つの被害レベルの決算として現われる地域社会或いは国民社会の問題にまで変るのは，ここまでくれば時間の問題である……水俣病多発区域の水俣でも，現在，被害者，被害家庭の一部や支援組織によって地域再生の努力がつづけられてはいるが，地域と人心の荒廃した状態は，なお，拭い去れないでいる。／一見，個人や家庭の生活と無関係に見える区域での自然破壊も，やがては個人や家庭に影響が及ぶものである。日本のように国土の狭い国では，自然環境の破壊は人間生活の破壊に直截に結びつくのであり，この時点で，地域社会崩壊の最初の第一歩が踏み出されたことになる。すなわち，地域社会の崩壊は，地域環境の結果としても，また，既述のような個人と家庭の生活破壊が地域的に広まった結果としても生じるのである。（飯島 1993a：82-83，〔　〕は引用者による）

　ここで飯島が議論していることは，杉本家の40年にクローズアップしたドキュメンタリー番組や杉本栄子さんの講演での語りに符合する。栄子さんをはじめ杉本家の人々は，水俣病を患うことで，一家の健康の問題に直面しただけでは済まされず，それまでの地域社会での人間関係が一変し，差別に直面した。これこそ，地域社会での人間関係の悪化・破壊・崩壊である。しかも，3男のインタビューに現れているように，杉本夫妻は，子どもたちからも一時見放されかけた。このことは，近隣からの冷たい仕打ちに耐えるために必要なよりどころとなる家族の人間関係までも悪化しかけていたことを示している。そのような社会的孤立こそ，肉体的な苦痛を超えた苦しみだと，栄子さんは語ったの

だ。彼女の言葉は，人間は他の人間との関係なくしてはありえないという，どうしようもない人間のありようを突きつけている。

　環境社会学は，「被害」に人間関係の破壊を加えるという飯島の見識にたえず立ち返るべきではないだろうか。その被害＝差別に，本書全体が信を置くコミュニティも加担しうるのだ。コミュニティに期待をよせる際，このことを常に頭に置いておかなければならない。

4　多様性を承認するコミュニティ

　本章では，環境保全の要としてのコミュニティ内部で住民はいかにしていがみ合うのか，またそれはどのようなものなのか，について見てきた。そのいがみ合いとは，内部分裂，いじめ，差別であった。コミュニティは，一見すると一枚岩のようにとらえられがちであるが，その内部にはさまざまな意見をもった人たちによる権力闘争が渦巻いている。内部分裂はグループどうしのちからが拮抗しているのに対し，いじめや差別は圧倒的多数者のちからが少数者を取り囲んでいる。このような事実をふまえるならば，必ずしもコミュニティは完璧な組織であるとは言えず，いつ何時でも環境保全への"万能薬"になるとは限らないところがあるのだ。

　そうであるならば，コミュニティに期待をよせるのは"危ない"と感じてしまうかもしれない。というのも，コミュニティに信を置くあまり，コミュニティ内部の権力争い＝内部分裂，いじめ，差別を無批判に容認することになりかねないからである。環境社会学者のなかにも同じ考えをもつ研究者がいる。たとえば長年，差別と環境をテーマにしてきた三浦耕吉郎は，「ムラ規範の示す強力な相互規制の存在，さらにはそのような相互規制が生成ないし強化されていく過程」（三浦 2009：41）をとらえる立場から，コミュニティに信を置く考え方を批判し，国家からでなく一般民衆からの「草の根ファシズムを正当化する」（三浦 2009：57）考えだと批判を投げかける。なるほど，三浦の言い分には一理あるのかもしれない。

第Ⅲ部　他者としての環境

　しかし，本書を通読して明らかなように，環境保全への有効性を考えたとき，コミュニティが完璧な組織ではないからといって，その舞台から完全に降りてもらうのは，何とももったいない話ではないだろうか。とくに観光を取り扱った第9章で論じた地域環境への権利と責任について，はたしてコミュニティに代わってそれを担う組織はほかにあるのだろうか。

　そもそも，完璧でない人間たちが集まってつくるのだから，完璧な組織などない。だからといって，"完璧でないからダメ"ではなく，私たちは，日本の長いコミュニティの歴史をふまえ，"よき"部分を活かしながら"悪しき"部分をできるだけ抑え込んで，よりよき組織にすることならばできるはずだ。そのために，私たちは本章のようなコミュニティ内部のいがみ合いも十分に熟知し，このような"負"の部分を反面教師としていく必要がある。

　では，内部にいがみ合いがありうることをふまえたうえで，環境保全に資するコミュニティは，今後どうあるべきなのだろうか。それを考えるためには，コミュニティをとりまくより大きな社会との関係をにらみながら論じる必要がある。かつてのコミュニティは，生活はもちろん，生産の共同体でもあった。すなわち，みんなが同じところに住み，同じ仕事をしていた。同じ仕事というのは，農業であり，典型的には水田稲作だ。このようなコミュニティは，あらゆるものを共有していたため，まさしく"運命共同体"であった。したがって，住民1人1人には，三浦のいう「ムラ規範の示す強力な相互規制」から同一の行動が求められた。ところが，農業からの離脱により，コミュニティの住民は，住むことによる地表の共有はあるものの，生業による共同は薄らぐか，なくなっていった。また，都市化の拡大で，そもそもそこに縁もゆかりもない人々が移り住んでくることも増えた。そういった意味では，コミュニティは，かつてのような"運命共同体"ではなくなった。

　高度経済成長期を過ぎて，経済水準が高い"成熟社会"に日本社会は突入した。日本社会は，近代社会からポスト近代社会に移行したのだ。

　そのような"成熟社会"日本では，環境問題だけでなく，少子高齢化や大震災などを経験することで，コミュニティの役割が再認識されるようになった。

だが，コミュニティはもうかつてのような生業も生活も同一の"運命共同体"ではなくなっている。そうであるならば，多様なライフスタイルをもつ住民どうしで，そこに住むという働きかけを契機に，新たにコミュニティを再構築するしかない。このときのコミュニティは，個々の住民の多様性を承認しながらも，共的な生活の必要に応じて協同しなければならないだろう（足立 2018：2-9）。つまり，今の日本社会が"成熟"しているのに合わせて，コミュニティも同じく"成熟"に向かおうとしているのだ。

 読書案内

足立重和，2010，『郡上八幡 伝統を生きる――地域社会の語りとリアリティ』新曜社。
観光資源である郡上おどりや長良川河口堰建設反対運動をめぐって，地元住民の語りからつくられる複数のリアリティのせめぎあいを分析している。その分析を通じて自分たちの伝統を守る郡上八幡の人々の生きざまをえがくモノグラフ。

色川大吉編，1995，『新版 水俣の啓示――不知火海総合調査報告』筑摩書房。
チッソの企業城下町といわれる水俣において，チッソがいかに優位な立場にあり，水俣病が多発した漁村がいかに劣位な立場におかれていたか，そのような優劣関係のなかに当然のようにへばりつく差別の現実。まさに近代の矛盾を凝縮させた1冊である。

森真一，2014，『友だちは永遠じゃない――社会学でつながりを考える』筑摩書房。
環境社会学ではないが，森のいう「一時的協力」論は，必ずしも"運命共同体"ではなくなった現代的なコミュニティの今後を考えるうえでのヒントを与えてくれる。私には主題よりも副題のほうが重要に思える。

注
(1) 第3章でも述べたように，日本には明治時代に入って西欧流の国家が導入された。江戸時代まで各藩が統治していた土地を国の統治下において「国土」「領土」とし，そこに住む人々を「国民」とした。また，東京を国の中心（首都）にして官庁を配し，首都に権力を集中させる「中央集権国家」であった。これを社会学では「国民国家」ともいう。
(2) 国などの事業推進側によると，長良川河口堰の設置目的は，利水・治水・塩害防

第Ⅲ部　他者としての環境

　　　止であるという。長良川河口堰建設問題は，1960年にその計画が公表されて以降，
　　　長良川流域の地元漁協を中心に長らく反対運動が展開され，大規模な裁判闘争にま
　　　で発展した。ところが突如，地元からの訴訟は取り下げられ，建設を容認した漁協
　　　から順に補償交渉に入っていった。最後まで抵抗していた漁協が容認して着工を開
　　　始した直後，本文にある反対運動が新たに起こったのである。したがってこの運動
　　　は「第二次運動」と呼ばれる。長良川河口堰問題全般については，足立（2010：
　　　167-178）を参照のこと。
（3）　この解釈はあくまでも他のグループから投げつけられたものであって，その「言
　　　い分」を語った当事者の思いはまた別のところにある。たとえば，熊本県の川辺川
　　　ダム建設に揺れた五木村を調査した植田今日子は，当初は「移転反対」でまとまっ
　　　ていた五木村の人々が3つの水没補償交渉団体に分かれた例について書いている。
　　　ここでも移転のタイミングは団体ごとで異なり，早く移転した団体とずっと水没予
　　　定地に残る団体が出たのだが，その一方で自分たちの人生を振り回した肝心のダム
　　　が一向に着工されない。そこで，3団体が共同で「早期着工」を国に陳情した。こ
　　　れは，国家に擦り寄って高額の補償金や代替地での好条件を得ようとするためでな
　　　く，早く移転を完了して新たなムラでの暮らしをスタートさせ，そのムラは永続さ
　　　せたいという悲願を背負っていた。詳しくは，植田（2016：35-98）を参照のこと。
（4）　沿岸漁村では，魚を食べる機会が多かったため水俣病が多発したのだが，原因が
　　　究明されなかった時期には，チッソを頂点とした差別的な階層のもと"水俣病は貧
　　　しい漁民がなる病気"という差別的な認識が横行した。水俣における差別の構造に
　　　ついては，石田（1995）を参照のこと。
（5）　この番組は，2000年8月10日にNHK・BS1にて放送され，2001年度放送文化基
　　　金賞テレビドキュメンタリー番組部門本賞を受賞した。フィルムは現在，NHKア
　　　ーカイブスに保存されており，埼玉県川口市にあるNHKアーカイブス施設か最寄
　　　りのNHKで視聴することができる。以下で番組内容を紹介するが，番組内のナレ
　　　ーションや音声を一語一句書き起こしたものではなく，あくまでも私の要約である
　　　ことを断っておきたい。
（6）　この講演は，2003年6月27日に水俣市立もやい館にて開催された。
（7）　番組のなかで不思議に思われるのは，過酷な差別の実態があまり登場せず，栄子
　　　さん自身一度も「差別」という言葉を口にしなかった点だ。おそらく，このことは，
　　　網元であるお父さんが網子を統率するために「人と人の和を大切にしてほしい」
　　　「いじめ返しをしない」と教えていたことを忠実に守り抜き，ようやく名誉回復を
　　　果たして関係を修復しつつある周囲との人間関係に配慮したためであろう。現在，
　　　水俣では，患者差別で壊れた人間関係を修復しようという「もやい直し」運動が進
　　　行中である（もやい直しとは，漁のために船と船をロープで結び直すところからき

ている)。番組の終盤で，水俣市立水俣病資料館で語り部として活動する栄子さんの姿が映る。その語りを真剣に聴く女子生徒たちに対し，玄関前での別れ際に栄子さんは，「いじめられたことがある人？」と尋ね，何人かの生徒が手を挙げる。1人の生徒が「ちょっと仕返ししたかった気持ちはありましたけど，抑えて抑えて」と語ると，栄子さんが冗談交じりに「それが大事なのよ」「でもいじめた人はごめんなさいという言葉をとっとかないとたいへんなのよ」とアドバイスした。私は，この何気ない会話のなかにも，栄子さんから生徒へと父の教えが伝承されているように思えてならない。

(8) 今，団地では高齢化にともない，新たに入居した外国人とともに自治会を運営している事例が見られる。詳しくは，松宮（2012）を参照のこと。

文献

足立重和，1995，「長良川河口堰建設反対運動における『分裂』の構成——岐阜県X町の事例から」『関西学院大学社会学部紀要』73：75-86。

足立重和，2010，『郡上八幡 伝統を生きる——地域社会の語りとリアリティ』新曜社。

足立重和，2018，「生活環境主義再考——言い分論を手がかりに」鳥越皓之・足立重和・金菱清編『生活環境主義のコミュニティ分析——環境社会学のアプローチ』ミネルヴァ書房，1-22。

舩橋晴俊，2001，「環境問題解決過程の社会学的解明」舩橋晴俊編『講座環境社会学2　加害・被害と解決過程』有斐閣，1-28。

飯島伸子，1993a，『改訂版 環境問題と被害者運動』学文社。

飯島伸子，1993b，「環境問題と被害のメカニズム」飯島伸子編『環境社会学』有斐閣，81-100。

石田雄，1995，「水俣における抑圧と差別の構造」色川大吉編『新版 水俣の啓示——不知火海総合調査報告』筑摩書房，39-90。

松宮朝，2012，「共住文化——団地住民はいかに外国人を受け入れたのか？」山泰幸・足立重和編『現代文化のフィールドワーク 入門——日常と出会う，生活を見つめる』ミネルヴァ書房，59-80。

三浦耕吉郎，2009，『環境と差別のクリティーク——屠場・「不法占拠」・部落差別』新曜社。

成元哲，2003，「承認をめぐる闘争としての水俣病運動」『アジア太平洋研究センター年報』1：9-14。

鳥越皓之，1983，「地域生活の再編と再生」松本通晴編『地域生活の社会学』世界思想社，159-186。

鳥越皓之，1997，『環境社会学の理論と実践——生活環境主義の立場から』有斐閣。

第Ⅲ部　他者としての環境

植田今日子，2016，『存続の岐路に立つむら——ダム・災害・限界集落の先に』昭和堂。

あ と が き

「暮らしをみつめる12の視点」と副題に銘打ったように，自分たちの生活に照らし合わせながら読み進めることができたのではないだろうか。私たちが暮らしをみつめるとつけたのは，お金儲けみたいな実益にとらわれるのではなく，そのような実益思考をもう一度見直し，私たちの豊かさは何なのかを一緒に考えたかったからである。

12章のどれを読んでも，読み終わるころには，「そういう見方ができるのか」という今までとは異なる視点が身についたのではないかと思う。異なる視点は，それまでナメラかで何の違和感も持っていなかった日常生活にゴツゴツした感覚をもたらすことになるだろう。

この本を面白いと思った人には，応用編として『生活環境主義のコミュニティ分析』という本にもぜひ挑戦をしてもらいたい。本書とは打って変わって，専門用語が並んでいて難しい。けれども，さまざまな地域の実情とその現実を切り取るにあたっての考え方を示してくれている。それ以外にも環境社会学には蓄積があって，たくさんの書物や論文がある。本書から踏み出し，さらに学問の深みや豊かさに触れてもらえるなら，スタートとしての本書の役割は果たされたといえるだろう。本書でとりあげた12の主題はいくらでも応用ができるし，もし応用でつまずいてしまったときは，シンプルでわかりやすい本書にまた戻ることもできる。

本書のもうひとつのねらいは，教科書として内容を受け身的に学ぶのではなく，自ら学びとることの大切さと環境社会学を実践していく（研究したり，現場で役に立つ）ことの楽しさを伝えることにある。読者の目がそこに向けられたならば，執筆者一同にとってこれほど嬉しいことはない。

2019年3月

金 菱 　 清

索　引
（＊は人名）

あ　行

アイヌ民族　16
曖昧な喪失　211, 214
＊秋道智彌　14
アクアツーリズム　159, 161, 162, 167-170, 173, 176
アマウ　13, 14
奄美　16
網子　226, 234
網元　226, 227, 234
鮎釣り　84, 86, 91
言い争い　224
＊飯島伸子　229-231
言い分　222, 223, 225, 234
異界　148
いがみ合い　219, 225, 231, 232
『壱岐日報』　142, 145, 146
イギリス　51
いじめ　225-229, 231, 234
いたぶり　225
五木村　234
一戸前　43, 45
一致団結　25, 27
イノシシ　100
揖斐川　38
入会権　106, 109, 111, 112
入会地　40, 42-45, 47-50
入会地没収　56
＊植田今日子　234
ウミ　42
恨み　225
運命共同体　232, 233
衛生観　136
エコツアー　16

NHK　226, 234
NHK アーカイブス　234
エンクロージャー　51
＊延藤安弘　208
大型プロジェクト　32
大きな政府　49
大阪国際空港（伊丹空港）　34
オープンスペース　123, 124, 126
おかず採り　86, 89, 90
オカ（陸）出し　202
オキ（沖）出し　201, 203
沖縄　16
お裾分け　88, 89, 91
＊織田信長　123

か　行

解禁日　42
階層　234
外部権力　221, 222
外部性　123-126
加害者　225
家格　43
科学者　20, 31
科学知　31
香川県豊島　64, 70, 71, 76, 77
囲い込み　51, 52
重なり型　33
火葬場　59, 60
過疎化　54, 100
＊金菱清　34
カブトエビ　15
カワ　40-42
川辺川ダム建設　234
厠神　148
環境改変　221, 222

環境社会学会　229
環境省　5,6,9,15,16
環境省東北海道地区自然保護事務所　5
環境と遊びの距離　87
環境と観光の両立　159,164,166,174
環境の守り方　20
環境破壊　34,220,221
環境負荷　63
環境保全　31,32,37,52,218,231,232
環境問題　3,4,6,20,25,31,32,38,52,218,232
環境リスク　69
観光　232
患者　228
患者差別　234
管理　39,47,50,52,53
木曾川　38
基地問題　76
奇病　226,227
岐阜県郡上市八幡町　28
基本法農政　141
旧河川法　38
牛舎　71,73,74
行政職員　20,31
共的　41
共同作業　56
共同占有権　30,31,34,38
共有　43,47,50
共有地　43,47,48,51,56
近代化　49,51,220
近代国家　220
近代社会　232
近代法　50,52
キンピ　140
草刈りボランティア　189,190
草肥農業　103,107
草地農業　103,107
草の根ファシズム　231
熊本県　234
熊本県水俣市　225

熊本県立水俣保健所　226
熊本地震　111
＊熊本博之　76
グリーン・ツーリズム　91,94
啓蒙　133
啓蒙性　123,124,126
「結果」としての平等　44
兼業農家　46
健康被害　229
「賢明な」撹乱　14
権力　218,220
権力争い　231
権力闘争　231
工業化　220
公共性　120-122,124,126,127,130-132
耕作放棄地　187,189,190,196
＊孔子　182
高知県旧窪川町　76
公的　41
高度経済成長期　53,56,232
交付金　224
公有　39
高齢化　235
コエウケ　142
コエクミ　141
コエクミ-コエウケ　138-140,142,145
国際自然保護連合（IUCN）　5-8
国勢調査　40,56
国民　49,233
国民国家　233
国有地　50
個体数管理　184,186,194,195
国家的なスローガン　49
ゴミ処理場　59,60,71,73,76
ゴミ問題　64,65,77
コミュナル　41
コミュニティ　31,32,34,197,203,206
コモンズ　16,39,40,42,43,51-53,55,159,166,168,171,174,175
コモンズ研究　105

索　引

コモンズの悲劇　56

さ 行

災害危険区域　198
災害のリスク　197
在日韓国・朝鮮の人々　34
魚のゆりかご水田　92
里山　15
差別　225, 228-231, 234
産業革命　51
産業廃棄物処理場　62
自給肥料　139
自区内処理原則　64
資源利用　44
死者論　197, 200
自然公園　119, 122, 133
自然資源　46, 53
自然の番人　10, 26
自然の守り方　11-13
自然の利用権と管理義務　159, 171
自然への働きかけ　53
自然保護　16
自然保護区　16
自然保護難民　16
自然村　38
持続可能な農業　141
自治会　27, 31, 34, 235
地続きの関係　188, 193, 194
私的　40
私的所有化　52
私的所有権　47
私的な働きかけ　47
し尿　135-139, 141-144, 146, 149, 151-153
＊清水修二　62
市民農園　91, 94
社会関係資本（ソーシャル・キャピタル）
　　28, 208, 218
社会事業　51
社会システム　65, 77
社会的孤立　229, 230

弱者生活権　45, 46
私有　39, 43, 47
獣害　178, 180, 182-185, 187, 189, 191, 192,
　　194, 196
私有地　43, 48, 52
「私」有度の濃淡　47
住民エゴ　61
住民参加　32, 34, 127
住民説明会　66, 67
住民の感覚　26
受益圏　33
受益圏-受苦圏論　33, 76
受苦圏　33
循環型社会形成基本法　65
循環型農業　138, 140, 141
循環型農業の崩壊　135, 136
純粋でない自然　15
純粋な自然　16
常会　53, 55
消極的な働きかけ　54
少子高齢化　232
象徴性　123, 124, 126
所有　30, 39, 50, 52, 53
白神山地　8-11
不知火海沿岸　225
自立した個人　223
知床半島　6, 8-11
知床方式　16, 21
身体観　135, 147
身体性の喪失　135, 136, 153
シンタク＝新宅　46
信頼　27, 219, 222, 228
水洗トイレ　152
水田稲作　232
杉てっぽう　82, 83
＊杉本栄子　226, 229, 230, 234, 235
＊杉本雄　227, 228
スラム　51
西欧化　49, 220
西欧近代　49

241

生活感覚　31
生活条件　221, 222
生活組織　221, 223
生活知　26, 31
生活保障　201
成熟社会　232
セーフティネット　49, 52
世界遺産委員会　6, 16
世界遺産条約　6
世界遺産登録　8-10, 16
世界遺産登録制度　6, 7, 9-11, 13
世界観　135, 147, 148
世界ジオパーク　110
世界自然遺産　8, 21
世界自然遺産登録　5
世界農業遺産　110
積極的な働きかけ　55
せめぎ合い　223
先祖代々　11, 16, 225
騒音問題　25
早期着工　234
相互信頼　27, 32, 218, 219
相互不信　219, 225
総有　48

た 行

大規模開発　32, 52, 221, 224
大規模公共事業　34
大震災　232
代替地　234
多重防御　198
祟り　183, 184
タテのルール　41
多様なライフスタイル　233
多利用型総合的海域管理計画　16
丹波地方　46
地域コミュニティ　88, 90, 218
地域コミュニティの平等　59
地域コミュニティの平等性　74, 77
ちから　218

地租改正　49, 50, 52
チッソ（新日本窒素肥料水俣工場）　226, 227, 234
チャリティ（charity）　45
中央集権国家　49, 233
中央防災会議　201
鳥瞰図　199
＊土屋雄一郎　69, 70, 75
テーマパーク　119, 122, 125
手続き的公正　69-71
「手続き」としての平等　44
天然記念物　185, 186
統制的発話　222
都市化　220, 232
都市公園　122, 129, 133
都市と農村の関係　135, 138
土地所有　48

な 行

内部分裂　222-225, 231
＊中川千草　54
長良川　38, 223, 234
長良川河口堰　223, 233
長良川河口堰建設問題　234
なわばり　29, 30, 40
日本一小さな公園　129, 130
人間不在　197
NIMBY　59, 61, 62, 66, 75
農業基本法　141
農村調査　56
農地還元　138, 139, 141, 145, 146, 153
野焼き　101-104, 109-113, 115
野良犬　188, 193, 196

は 行

廃棄物　136-138, 147, 151
幕藩制　49
旗持ち　56
働きかけ　30, 31, 47, 52, 54, 233
働きかけの度合い　48

索　引

発言権　37
発言力　31
発電所　59, 60, 63, 76
パプアニューギニア　13
パブリック　41
浜　54
浜下り　89
ハマソウジ（＝浜掃除）　54
半栽培　14
「半」自然植生　98
阪神・淡路大震災　204
被害　230, 231
被害者　225, 227, 229
被害の構造　230
肥料　135, 137-140, 143, 146, 151, 152
貧民救済　51
ファサ　14
＊藤川賢　64, 70
＊藤村美穂　29, 47, 48
＊船橋晴俊　33
不法占拠　34
プライベート　40
プレーパーク　127, 130
分家　46
分配的公正　68
分離型　33
平準化　45
便所神　148
保護　12
補償金　224, 225, 228, 234
ポスト近代社会　232
保全　12
保存地区　9
北海道　16
北海道・えりも町　56
北海道・知床半島　5
放ったらかし　54
ボランティア　109-112, 115

ま　行

マイナー・サブシステンス　85, 88, 90, 92-94
マスメディア　4, 11, 223
マタギ　9, 10
＊松井健　85, 90
マナーを守る観光　159, 175
守り　54
万葉集　98, 101
＊三浦耕吉郎　231
三重県熊野灘　54
見立て割　44
水俣市　225, 227, 228, 234
水俣市茂道集落　226
水俣市立水俣病資料館　235
水俣市立もやい館　234
水俣病　225-227, 229, 230, 234
水俣病問題　225
＊宮内泰介　13
民間のし尿汲み取り業者　139, 142, 145
みんなの土地　50
みんなのもの　29, 39, 50
ムラ　38-41, 43, 45, 47-50, 53, 54, 56, 225, 234
ムラ規範　231, 232
村の犬　180, 188
ムラのもの　50
ムラのヤマ　52
ムラの領域　48
ムラ人みんなのもの　48
明確な喪失　211
迷惑施設　59-71, 73-77, 146
迷惑施設選定のプロセス　67
迷惑施設の立地場所　63
迷惑施設立地場所　66, 68, 69
モグチアケ（藻口明け）　139
モスキート音　22
モヒキ（海藻採取）　139-141
「もやい直し」運動　234

243

や行

ヤマ　40-42, 53, 55
ヤマイキ　46, 53, 56
山仕事　46, 47
有機水銀　226
＊結城登美雄　202
有機農業　141, 153
幽霊　197, 209, 211-213
ユネスコ　12, 16
ユネスコ世界遺産センター　6
良き市民　123
ヨコのルール　41
寄り合い　43, 53

ら行

ライフスタイル　63, 65
羅臼漁協　5, 7
利害関係者　8
リサイクル　65
リデュース　65
リユース　65
利用＝管理＝所有　52
ルール　11, 38, 41, 43, 52
レジリエンス　197, 212
レディーメイド　200, 206
労働の効率化　90, 93
ローカル・ルール　159, 173, 175
ローカル・ルールを守る観光　159, 175

わ行

ワークショップ　207
輪中地帯　38

《執筆者紹介》（執筆順，＊は編著者）

＊足立重和（あだち・しげかず）　第1章・第2章・第3章・第12章

　　1969年　兵庫県生まれ
　　1996年　関西学院大学大学院社会学研究科博士課程後期課程単位取得満期退学，博士（社会学）
　　現　在　追手門学院大学社会学部教授
　　主　著　『郡上八幡 伝統を生きる――地域社会の語りとリアリティ』新曜社，2010年。
　　　　　　『現代文化のフィールドワーク 入門――日常と出会う，生活を見つめる』（共編著）ミネルヴァ書房，2012年。
　　　　　　『現場から創る社会学理論――思考と方法』（共著）ミネルヴァ書房，2017年。
　　　　　　「人と自然のインタラクション――動植物との共在から考える」『環境社会学研究』23，2017年。
　　　　　　『生活環境主義のコミュニティ分析――環境社会学のアプローチ』（共編著）ミネルヴァ書房，2018年。

平井勇介（ひらい・ゆうすけ）　第4章

　　1979年　埼玉県生まれ
　　2011年　早稲田大学大学院人間科学研究科博士後期課程修了，博士（人間科学）
　　現　在　岩手県立大学総合政策学部准教授
　　主　著　「森林環境保全・生活保全のための所有権制限の論理――平地林をめぐる地権者の考え方」『社会学評論』65(1)，2014年。
　　　　　　『生活環境主義のコミュニティ分析――環境社会学のアプローチ』（共著）ミネルヴァ書房，2018年。

川田美紀（かわた・みき）　第5章

　　1975年　栃木県生まれ
　　2008年　早稲田大学大学院人間科学研究科博士後期課程修了，博士（人間科学）
　　現　在　大阪産業大学デザイン工学部准教授
　　主　著　「都市における財産区の役割――阪神淡路大震災の被災地を事例として」『年報村落社会研究』47，2011年。
　　　　　　「水環境の社会学――資源管理から場所とのかかわりへ」『環境社会学研究』19，2013年。

藤村美穂（ふじむら・みほ）　第6章

　　1965年　大阪府生まれ
　　1996年　関西学院大学大学院社会学研究科博士課程後期課程単位取得満期退学，博士（社会学）
　　現　在　佐賀大学農学部教授
　　主　著　『景観形成と地域コミュニティ――地域資本を増やす景観政策』（共著）農山漁村文化協会，2009年。
　　　　　　『現代社会は「山」との関係を取り戻せるか』（編著）農山漁村文化協会，2016年。

荒川　康（あらかわ・やすし）　**第7章**
　　1967年　　神奈川県生まれ
　　2005年　　筑波大学大学院社会科学研究科博士課程修了，博士（社会学）
　　現　在　　大正大学心理社会学部教授
　　主　著　　『現代文化のフィールドワーク入門――日常と出会う，生活を見つめる』（共著）ミネルヴァ書房，2012年。
　　　　　　　『「開発とスポーツ」の社会学――開発主義を超えて』（共著）南窓社，2014年。

靏　理恵子（つる・りえこ）　**第8章**
　　1962年　　福岡県生まれ
　　1990年　　甲南女子大学大学院文学研究科博士後期課程満期退学，博士（社会学）
　　現　在　　専修大学人間科学部教授
　　主　著　　『農家女性の社会学――農の元気は女から』コモンズ，2007年。
　　　　　　　「6次産業化と農的自然――身体性を取り戻す」『西日本社会学会年報』13，2015年。

野田岳仁（のだ・たけひと）　**第9章**
　　1981年　　岐阜県生まれ
　　2015年　　早稲田大学大学院人間科学研究科博士後期課程修了，博士（人間科学）
　　現　在　　法政大学現代福祉学部准教授
　　主　著　　*Rebuilding Fukushima*, （共著）Routledge, 2017.
　　　　　　　『原発災害と地元コミュニティ――福島県川内村奮闘記』（共著）東信堂，2018年。

閻　美芳（やん・めいふぁん）　**第10章**
　　1978年　　中国・山東省生まれ
　　2010年　　早稲田大学大学院人間科学研究科博士後期課程修了，博士（人間科学）
　　現　在　　早稲田大学人間総合研究センター招聘研究員
　　主　著　　『「開発とスポーツ」の社会学――開発主義を超えて』（共著）南窓社，2014年。
　　　　　　　『食と農でつむぐ地域社会の未来――12の眼で見たとちぎの農業』（共著）下野新聞社出版，2018年。

＊金菱　清（かねびし・きよし）　**第11章**
　　1975年　　大阪府生まれ
　　2004年　　関西学院大学大学院社会学研究科博士課程後期課程単位取得満期退学，博士（社会学）
　　現　在　　関西学院大学社会学部教授
　　主　著　　『生きられた法の社会学――伊丹空港「不法占拠」はなぜ補償されたのか』新曜社，2008年。
　　　　　　　『震災メメントモリ――第二の津波に抗して』新曜社，2014年。
　　　　　　　『呼び覚まされる霊性の震災学――3.11生と死のはざまで』（編著）新曜社，2016年。
　　　　　　　『震災学入門――死生観からの社会構築』ちくま新書，2016年。
　　　　　　　『私の夢まで，会いに来てくれた――3.11亡き人とのそれから』（編著）朝日新聞出版，2018年。

環境社会学の考え方
——暮らしをみつめる12の視点——

| 2019年4月10日　初版第1刷発行 | 〈検印省略〉 |
| 2021年12月30日　初版第3刷発行 | |

定価はカバーに表示しています

編著者	足立　重和
	金菱　　清
発行者	杉田　啓三
印刷者	田中　雅博

発行所　株式会社　ミネルヴァ書房

607-8494　京都市山科区日ノ岡堤谷町1
電話代表　(075)581-5191
振替口座　01020-0-8076

©足立・金菱, 2019　　創栄図書印刷・藤沢製本

ISBN978-4-623-08527-9
Printed in Japan

よくわかる環境社会学	鳥越皓之編著	B5判・二三〇頁 本体二八〇〇円
現場から創る社会学理論	帯谷博明編著	A5判・二五八頁 本体二八〇〇円
食と農の社会学	桝潟俊子・谷口吉光・立川雅司編著	A5判・三三二頁 本体二八〇〇円
よくわかる社会学	宇都宮京子・西澤晃彦編著	B5判・二四〇頁 本体二五〇〇円
はじまりの社会学	奥村隆編著	A5判・三二〇頁 本体三三〇〇円
社会学入門	盛山和夫ほか編著	A5判・二六八頁 本体二八〇〇円
テキスト現代社会学	松田健著	A5判・二四〇頁 本体二八〇〇円
新・社会調査へのアプローチ	大谷信介ほか編著	A5判・四一二頁 本体二五〇〇円

———— ミネルヴァ書房 ————

http://www.minervashobo.co.jp/